シングマスター教授の
千思万考
パズルワールド

David Singmaster 著

川辺 治之 訳

共立出版

Problems for Metagrobologists: A Collection of Puzzles with Real Mathematical, Logical or Scientific Content （『シングマスター教授の千思万考パズルワールド』）
By David Singmaster（デヴィッド・シングマスター）

Copyright © 2016 by World Scientific Publishing Co. Pte. Ltd.（ワールドサイエンティフィック社）
All rights reserved. This book, or parts thereof, may not be reproduced in any form or by any means, electronic or mechanical, including photocopying, recording or any information storage and retrieval system now known or to be invented, without written permission from the Publisher.

Japanese translation arranged with World Scientific Publishing Co. Pte. Ltd., Singapore.

Japanese language edition published by KYORITSU SHUPPAN CO., LTD.

*本書に記載されている商品名は該当する各社の商標または登録商標です．

ジェシカ，ビル，ヘクター，そしてエルシー・ペッパーに捧ぐ

目　次

はじめに　　　　　　　　　　　　　　　　　　　　　　　　xv

第1章　算数のパズル　　　　　　　　　　　　　　　　　1

1　平等な負担　・・・・・・・・・・・・・・・・・・　1
2　レオのリリアン・リメリック　・・・・・・・・・・　1
3　平方の和　・・・・・・・・・・・・・・・・・・・　3
4　積と和　・・・・・・・・・・・・・・・・・・・・　3
5　足して百　・・・・・・・・・・・・・・・・・・・　4
6　イグサとスゲ　・・・・・・・・・・・・・・・・・　4
7　平方の年は歳の平方　・・・・・・・・・・・・・・　5
8　レモネードと水　・・・・・・・・・・・・・・・・　5
9　古くからの間違い　・・・・・・・・・・・・・・・　5
10　馬の売買　・・・・・・・・・・・・・・・・・・・　6
11　重みのある問題　・・・・・・・・・・・・・・・・　6
12　三角形分割　・・・・・・・・・・・・・・・・・・　7
13　マッチ棒で遊ぼう　・・・・・・・・・・・・・・・　8
14　コンピュータで混乱　・・・・・・・・・・・・・・　8
15　キャンディーの山分け　・・・・・・・・・・・・・　9
16　息子と娘　・・・・・・・・・・・・・・・・・・・　9

17	3人の煉瓦職人	・・・・・・・・・・・・・・・	10
18	年齢の比	・・・・・・・・・・・・・・・・・・・	10
19	足し算表	・・・・・・・・・・・・・・・・・・・	11
20	日当支払い問題	・・・・・・・・・・・・・・・	12
21	おやまあ！	・・・・・・・・・・・・・・・・・	12
22	約数3個の和	・・・・・・・・・・・・・・・・	13
23	平方数つながり	・・・・・・・・・・・・・・・	13

第2章　数字の性質　　　　　　　　　　　　　　　　　15

24	手抜きの掛け算	・・・・・・・・・・・・・・・	15
25	またしても手抜きの掛け算	・・・・・・・	15
26	足し算マジック	・・・・・・・・・・・・・・・	16
27	べき乗の桁数	・・・・・・・・・・・・・・・・	16
28	数字の和の平方	・・・・・・・・・・・・・・・	16
29	数字のべき乗の和	・・・・・・・・・・・・	17
30	さらに手抜きの掛け算	・・・・・・・・・	17
31	桁交換の掛け算	・・・・・・・・・・・・・・・	18
32	掛けたら並び替え	・・・・・・・・・・・・	18
33	抹消！	・・・・・・・・・・・・・・・・・・・・・	19
34	100を作れ	・・・・・・・・・・・・・・・・・	19
35	数字の和が約数	・・・・・・・・・・・・・・・	20
36	珍しい4桁	・・・・・・・・・・・・・・・・・	21
37	二と二で四，または五	・・・・・・・・・	21
38	素数の連鎖	・・・・・・・・・・・・・・・・・	21

第3章　魔方陣　　　　　　　　　　　　　　　　　　　22

39	縦横の和	・・・・・・・・・・・・・・・・・・・	23

40	すべての数字を使って	24
41	十字陣	24
42	グルッと一周	25
43	砂時計形	25
44	定和 67 の魔方陣	26
45	三角陣	27
46	差が一定の三角形 (1)	27
47	円形陣 (1)	28
48	円形陣 (2)	29
49	4 辺の和が一定	29
50	平方三角陣	30
51	差が一定の三角形 (2)	31
52	差が一定の三角形 (3)	31
53	サイコロ魔方陣	32
54	ドミノ魔方陣	32
55	一般化魔方陣	33
56	7 の魔力	34

第 4 章　通貨の問題　　35

57	単位の取り違え	35
58	両替不可 (1)	36
59	全種類に両替	36
60	両替不可 (2)	37
61	昔の通貨	37
62	得した取り違え (1)	37
63	得した取り違え (2)	38

第5章　ディオファントス問題　　39

64　ヴェニスの商人　・・・・・・・・・・・・・・　39
65　試験時間　・・・・・・・・・・・・・・・・　40
66　ギリシアの問題箱　・・・・・・・・・・・・　40
67　中東の遺産相続　・・・・・・・・・・・・・　40
68　問題箱　・・・・・・・・・・・・・・・・・　41
69　ピストール金貨とギニー金貨　・・・・・・・　41
70　ほぼピタゴラス三角形　・・・・・・・・・・　42
71　ジオボード上のほぼピタゴラス三角形　・・・　43
72　ジオボード上の三角形　・・・・・・・・・・　43
73　CCCC 牧場　・・・・・・・・・・・・・・　44
74　倍づけ　・・・・・・・・・・・・・・・・・　45
75　奇妙なチェス盤　・・・・・・・・・・・・・　45
76　お小遣いの問題　・・・・・・・・・・・・・　46
77　ご着席ください　・・・・・・・・・・・・・　46
78　千年紀の難問　・・・・・・・・・・・・・・　47
79　立方陣　・・・・・・・・・・・・・・・・・　47

第6章　覆面算　　49

80　埋もれていた虫食い算　・・・・・・・・・・　50
81　小町分数和 (1)　・・・・・・・・・・・・・　51
82　取り違えの功名　・・・・・・・・・・・・・　51
83　誤りの誤りは正解　・・・・・・・・・・・・　52
84　左折3回は右折　・・・・・・・・・・・・・　53
85　OXO 立方体　・・・・・・・・・・・・・・　53
86　スクランブルエッグ2個とウィート　・・・・　54
87　命がけで飛べ　・・・・・・・・・・・・・・　55

88	奇数足す奇数は偶数 ·············	55
89	奇数と偶数 (1) ················	56
90	奇数と偶数 (2) ················	56
91	三平方 ·····················	57
92	フットボールの試合 ·············	57
93	小町分数和 (2) ················	58
94	小町分数和 (3) ················	58
95	小町分数和 (4) ················	59
96	七日で1週間 ·················	59

第7章　数列パズル　　61

97	ずるい数列 ··················	61
98	この次の数は？ ················	62
99	送ったったったったー ············	62
100	ひねくれた数列 ················	62
101	ペンローズ数列 ················	63
102	数列あれこれ (1) ···············	64
103	数列あれこれ (2) ···············	64
104	数列あれこれ (3) ···············	65
105	数列あれこれ (4) ···············	65
106	数列あれこれ (5) ···············	65
107	初歩的なことだよ，ワトソン君 ········	65

第8章　論理パズル　　67

108	オオナゾ村の奇妙な親戚関係 ·········	67
109	ハリウッドの殺人 ···············	67
110	イカれた秘書 ·················	68

111	質屋にて	68
112	舗装費用負担問題	69
113	真か偽か	69
114	ホームズ対レストレード	70
115	何時の鐘か	71
116	ハゲしい状況	71
117	暗闇にて	72
118	コナゾ村の奇妙な親戚関係	72
119	4組の嫉妬深い夫婦	72
120	家族の川渡り	73
121	オオナゾ村の幸せな家族	74
122	4人の曾祖父母	75

第9章　幾何パズル　　76

123	狩人の帰還	76
124	がたがたテーブル	76
125	マッチ棒でテトロミノ4個に分割	77
126	常軌を逸する	77
127	ニューヨークの斜塔？	78
128	正方形の分割 (1)	78
129	正方形の分割 (2)	78
130	ケーキの等分割	79
131	ボートの回収	79
132	堀の橋渡し	80
133	中心を求める	81
134	誤った切り方	81
135	良くも悪くも	83

目 次　　xi

136　お手上げ！・・・・・・・・・・・・・・・・　83
137　ヤギとコンパス・・・・・・・・・・・・・・　84
138　軍事教練・・・・・・・・・・・・・・・・・　84
139　ユークリッドの幻影・・・・・・・・・・・・　85
140　マッチ棒の正方形・・・・・・・・・・・・・　85
141　正方形の分割 (3)・・・・・・・・・・・・・　86
142　正三角形の分割・・・・・・・・・・・・・・　86
143　三平方を作れ・・・・・・・・・・・・・・・　86

第10章　地形の問題　　87

144　光陰矢の如し・・・・・・・・・・・・・・・　87
145　サムの不動産・・・・・・・・・・・・・・・　87
146　地球平面説・・・・・・・・・・・・・・・・　88
147　丸1日続く日の出・・・・・・・・・・・・・　89
148　突拍子もない話・・・・・・・・・・・・・・　89
149　一望できる場所・・・・・・・・・・・・・・　90
150　丸1日を失う方法・・・・・・・・・・・・・　90

第11章　日付の問題　　92

151　ハカりしれない誤解？・・・・・・・・・・・　92
152　何年になんねん？・・・・・・・・・・・・・　93
153　短い世紀・・・・・・・・・・・・・・・・・　93
154　珍しい日付・・・・・・・・・・・・・・・・　94
155　不運な年・・・・・・・・・・・・・・・・・　94
156　長い月 (1)・・・・・・・・・・・・・・・・　95
157　月の長さ・・・・・・・・・・・・・・・・・　95
158　双子の時間・・・・・・・・・・・・・・・・　95

159	長い月 (2)	95

第12章 時計の問題　　　　　　　　　　　　　　96

160	時計を見よ	96
161	三つの時計	96
162	小町日時	97
163	とても変な時計	98
164	上下逆さの時刻	98
165	裏返しの時刻	98

第13章 物理の問題　　　　　　　　　　　　　　100

166	ペチャンコのハエ	100
167	グルッと一回り	100
168	太平洋航路	101
169	月の重力	101
170	どちらが重い？	102
171	鉄道車両の不思議	103
172	円柱つるまき線	103
173	試験コース	103
174	最小の鏡	104
175	3枚の鏡	104
176	追い越しとすれ違い	104
177	すれ違う列車	105
178	閘室に浮かぶはしけ	105
179	弾むボール	106
180	月を飛び越える	106
181	2枚の鏡	107

| 182 | 頭を使った重量挙げ | 107 |

第14章　組合せの問題　　109

183	中庭の小路の敷石	110
184	立方体の半分	110
185	立体ドミノ牌	110
186	がんじがらめ	111
187	サイコロの目	111
188	数を数える	112
189	賽は投げられた	113
190	女王バチの家系	113
191	川渡り	114
192	種々の文献	115
193	海辺の休日	115
194	連鎖ゲーム (1)	116
195	激情にかられて	116
196	そんなには起こりそうもない	117
197	特別選挙	117
198	2枚越え (1)	118
199	封筒の一筆書き	119
200	平面の塗り分け	120
201	連鎖ゲーム (2)	120
202	盲目の修道院長と修道女	121
203	ヤーバラ伯爵の賭け	122
204	チェスの駒の並べ方	123
205	ウィンブルドンの悩みの種	124
206	2枚越え (2)	124

207	2山越え ・・・・・・・・・・・・・	125
208	1山越え ・・・・・・・・・・・・・	125
209	星のきらめき ・・・・・・・・・・・	126
210	三角形の数 ・・・・・・・・・・・・	126
211	絵札の確率 ・・・・・・・・・・・・	127
212	着色立方体 ・・・・・・・・・・・・	128
213	3色の駒 ・・・・・・・・・・・・・	128
214	チェス競技会の参加者 ・・・・・・・・	128

第15章 言葉のパズル　　　　　　　　　　　　　　　129

215	マッチ棒の単語 ・・・・・・・・・・・	129
216	愉快な集会 ・・・・・・・・・・・・	129
217	中間問題 ・・・・・・・・・・・・・	130
218	電卓を使った単語 ・・・・・・・・・・	131
219	正整数の表記に現れない文字 ・・・・・・	131
220	アロハ ・・・・・・・・・・・・・・	131
221	とてもずるい数列 ・・・・・・・・・・	132

解　答　　　　　　　　　　　　　　　　　　　　　133

訳者あとがき　　　　　　　　　　　　　　　　　　321

はじめに

　すでにご存知かもしれないが，オックスフォード英語辞典 (Oxford English Dictionary:OED) の METAGROBOLIZE の項は，その意味をユーモアたっぷりに書いている．ラブレーは『ガルガンチュア物語』で metagraboulizer という語を使い，それをコトグレーブは『仏英辞典』(1611) で "to dunce upon, to puzzle, or (too much) beat the braines about"「欺く，思案させる，（ありったけの）知恵を絞る」と訳した．*OED* ではその意味を「思案させる，煙に巻く，あるいは，謎を解く」としている．

　アーカートによる『ガルガンチュア物語』の英訳では，metagrabolizing, metagrobolism, metagrabolized が使われた．キプリングは 1899 年に metagrobolized を使った．これが，*OED* に載っているもっとも新しい用例である．

　1981 年頃，米国のパズル家リック・イルビーは，この動詞 metagrobolize がウォール・ストリート・ジャーナルで使われているのを見つけた．それ以来，多くのパズル家が，パズルを作ったり解いたりする人を表す言葉としてこの名詞形 metagrobologist を使ってきた．

　何人かの人がこの名詞形は metagroboly か metagrobolist であるべきだと提案してきたが，metagrobology のほうがもちろん言いやすく，ここから metagrobologist（メタグロボロジスト）という用法が導かれている．

数学者として，そしてまだ洗礼を受けていないメタグロボロジストとして，私は大学院生であった1963年以来，数学雑誌に問題を寄稿してきた．1987年からは，もっと一般向けの雑誌やそのほかの媒体に一連のパズルを寄稿した．それらをアルファベット順にあげれば，BBCラジオ4，BBCテレビ，カナダ放送協会，*Focus*（英国の一般向け科学雑誌），*Games & Puzzles, Los Angeles Times, Micromath, The Weekend Telegraph* (London)である．本書は，これらの問題のいくつかと，*Puzzle a Day* (Lagoon Books, London, 2001)に寄稿した題材や，多くのこれまで未発表の題材を集めたものである．

　私のパズルに対する関心は，常に，そのパズルとその解答だけでなく，そのパズルの歴史や一般化まで理解することにある．あまりにも多くのパズル書籍が，どのようにして解を見つけたのかは示さずに，個別の解だけを示している．本書では，ある程度詳細な解を提示することにする．その中には，正しく洞察できさえすればほとんどすぐに答えが得られる問題もあるが，代数的な式を立ててそれを注意深く解く必要のある問題もある．そして，数多くの場合を調べることが要求される問題や計算機の助けを借りる必要のある問題もある．何らかの歴史的経緯がある問題については，その概要を示す．いくつかの問題はすぐに一般化することができ，それを解くことができる．ある問題については問題の変形を手紙で知らせてくれた人たちがいる．わずかながら，一般化された問題が未解決のものもある．多くの場合，言葉を使ったパズルは答えが一つに決まらない．読者が見つけたもっと単純な解やよりよい解，読者が作ったそのほかの変形，未解決問題に対する進展を教えてくれることを楽しみにしている．

　しばしば，パズルの由来や，どのようにしてパズルを見つけたり作ったりするのかを尋ねられる．私は「いたるところで」と答えるしかない．私は，娯楽数学の歴史を研究していて，パズルを含んでいる数多くの本を読んでいる．お分かりのように，ここから直接多くの問

題が生まれるが，しばしば改良や一般化ができる可能性がある．なぜなら，これまでの研究では，難解で特定の解しか示していないからである．さらに，時計，鏡，影，自転車，鉄道，アルファベットの文字の問題など，よく観察すれば日常生活の中から生まれるものも数多くある．これらの多くはこれまでに調べられたことがあるが，一般化や変形によって新しい問題になる可能性がある．また，ほかのメタグロボロジストから着想が得られることも多い．それを共有したいと思うようなよいパズルを創作するのは楽しいものである．パズル作家はダジャレを言う人のように本質的に人が苦しんでいるのを見て楽しんでいると，私の友人たちが言うが，それは間違いではない．私たちは，巧妙な問題，とくに本質を理解するまさに"AHA!"の瞬間があるような問題をパズル好きに見せてあげたい．

多くの，おそらくほとんどの古典的問題の起源ははっきりとしない．そのような問題は概してそれよりも前の出典にはまったく言及せずに十分に成熟した形で現れる．こうした問題の多くは驚くほど古く，古代の文明に由来し，その歴史的経緯を解明する証拠はほとんどない．いくつかの場合には，特徴的な問題が中国に登場し，それからインド，そしてアラブ世界，さらには中世ヨーロッパに現れる．しかし，これらの問題がどのようにしてこの経路を伝わったのかについては何も分からない．また，別の場合には，ある問題が離れた二か所，たとえばシルクロードの両端で見つかることもある．非常にまれなケースとして，人々がそれにてこずり間違った思い込みをするために，特定の時期に新たな問題が現れたことが分かるものもある．しかし，現代の問題でさえ，その軌跡をたどるのは困難である．記憶に残る問題がいくつもあるが，それらの発案者はもう分からなくなっている．都市伝説やジョークと同じように，数理パズルは，数学の民間伝承に不可欠な要素である．

これまでの数理パズルの多くの蒐集家やパズル作家に感謝したい．

彼らがその先人たちのものを無断で使ったように，彼らの成果はあちらこちらで繰り返し無断で使われている．しかし私は彼らに感謝の意を表し，それらの問題の新たな変種を作るように心がけている．このような人たちの中でもとくに名高いのは，サム・ロイド，ヘンリー・デュードニー，ヒューバート・フィリップス，そして，マーチン・ガードナーである．ガードナーは，間違いなくすべての時代を通じて数学レクリエーションにおけるもっとも重要な語り部である．ガードナーは90歳になってもまだ書きつづけていた．また，ガードナーは，いくつかのすばらしいパズルも創作している．

　残念ながら，問題のいくつかについては，それを書いたときに，たとえば1930年代のパズル本を参照するにとどまり，その起源を（まだ）特定できていない．見てもらえば分かるように，パズルはさまざまなところから生み出される．

　しかし，能書きはもう十分だろう．それではパズルに取りかかろう．本書はパズルの種類によって分類してある．

第1章

算数のパズル

1. 平等な負担

　ジェシカと友人のパドは，ランチをしっかり食べるのが好きだ．ある日，ジェシカはサンドウィッチを4個，パドはサンドウィッチを5個もってきた．サマンサは学校へ行く途中で引ったくりに遭遇し，ランチを取られてしまったが，財布は無事だった．そこで，ジェシカとパドは，二人のサンドウィッチを三人で等分した．サンドウィッチを食べ終わったあとで，サマンサはこう言った．「なんとお礼を言えばいいのでしょう．私はグラインド先生に会いに行かなきゃならないけど，サンドウィッチの代金をいくらか払っておくわ．」そしてサマンサは3ドルを置いて走り去った．ジェシカはパドに言った．「そうね，私はサンドウィッチを4個，あなたは5個もってきたから，私は3ドルの4/9，すなわち1ドルの4/3である1.33ドルもらうってとこかしら．」パドは言った．「うーん，それじゃあ公平とはいえないな．」その理由は？

　［フィボナッチの問題(1202)に基づいて作成した．］

2. レオのリリアン・リメリック

　多くの研究成果を残した数学者レオ・モーザーは数学を大いに楽しんだ．彼の弟ウィリーは，親切にもレオの数学リメリック（滑稽五行

詩）の見事な例を私に送ってくれた．私は（妻にかなり助けてもらいながら），問題が分かりやすくなるようにそのリメリックを拡張した．

> Once a bright young lady called Lillian
> Summed the NUMBERS from one to a billion
> But it gave her the "fidgets"
> To add up the DIGITS.
> If you can help her, she'll thank you a million.
> If you are as bright as this Lillian,
> Sum the NUMBERS from one to a billion
> And to show you're a whiz
> At this kind of biz,
> Sum the DIGITS in numbers one to a billion.

> かつてリリアンと呼ばれる聡明な若い女性
> 1から10億[訳注1]までの数の和を求められた
> しかし，慌てていたので
> それらの数字を足そうとした
> 彼女を助けてあげられるなら，彼女は感謝千万
> あなたがこのリリアンほど聡明ならば
> 1から10億までの数の和を求めよ
> そして，この種の仕事において
> あなたがデキるやつだと示すために
> 1から10億までの数の数字の和を求めよ

[訳注1] billionを古い英国の用法に従って10^{12}（1兆）と解釈すると，異なる解が得られる．

3. 平方の和

友人のエーブル夫妻とベーカー夫妻がクリスマスのプレゼントを買いに出かけた．別行動のあと，ランチのために合流したとき，彼らはそれぞれ何かを買っていた．エーブル氏はこう言った．「珍しいことに，私が買った品物の個数はそれぞれの品物のドル単位の値段と同じだった．」驚いたことに，ほかの3人もエーブル氏と同じことを言ったが，彼らの買った品物の個数はみな異なっていた．さらに驚いたことに，エーブル夫妻が支払った総額はベーカー夫妻が支払った総額と同じであった．このように支払うことのできる最小額はいくらか．

4. 積と和

秘書のフラビット女史が親戚を訪ねるために不在になり，夫のフラビット氏が代行することになった．フラビット氏は，フラビット家の伝統を守りつづけた．私がいくつかの正整数を足し合わせるように頼むと，フラビット氏はうっかりしてそれらを掛け合わせたのだ．しかし，私がその和を計算してみると，なんとフラビット氏の結果と同じになった．私はこの驚くべき出来事を娘のジェシカに話した．ジェシカは少し考えたあと，こう言った．「その正整数が何個あったかを教えてくれたら，それらの数がなんだったか答えてみせるわ．」しかし，私はジェシカの先回りをしてこう答えた．「できるものならやってみるといいが，失敗するね．」私がこう答えることのできるような正整数の個数の最小値はいくつか．またそのようになる数の組は何通りあるか．

5. 足して百

ジェシカと友人のハンナはパズル本を見ていた．その本は，123456789 という数字列の間に + と − の記号をどのように入れると計算結果が 100 になるかを問うていた．ちょっと考えただけで彼らは解答を見て，答えが $1+2+3-4+5+6+78+9=100$ であることを知った．ハンナはこう言った．「ほかにも計算結果を 100 にする方法があるにちがいないわ．」ジェシカはこう言った．「たしかに．でも，ややこしくなるからマイナス記号は使いたくないわ．プラス記号だけを使うことにしましょう．それでもできるかしら．」「そんなことができたら，最高ね」とハンナは答えた．「きっとできるわ．もしかしたらすごく簡単かもしれない．」そう言ってジェシカは考え込んだ．

正しいのは，二人のどちらだろうか．

6. イグサとスゲ

これは，書かれたのが紀元前 1 世紀から紀元 2 世紀までと諸説ある古代中国の古典『九章算術』にある問題である．『九章算術』の問題のほとんどはよく知られたもので，多くはインドや中東を経由して中世ヨーロッパに伝わった．次の問題は，ほかのところには似たものがないと思われるものの一例である．

イグサは 1 日目には 3 フィート成長し，2 日目には 3/2 フィート，3 日目には 3/4 フィートというように成長する．スゲは 1 日目には 1 フィート成長し，2 日目には 2 フィート，3 日目には 4 フィートというように成長する．イグサとスゲが同じ高さになるのはいつか．

『九章算術』では，この答えを 2 と 6/13 日としている．どのようにしてこの答えが得られたのだろうか．もっと正確な答えを求めることができるだろうか．

7. 平方の年は歳の平方

ジェシカの友人のケイティは，西暦 x^2 年には x 歳になると言う．今年（2016年現在），彼女は何歳だろうか．

8. レモネードと水

ジェシカは，7パイント[訳注2]のレモネードと11パイントの水を混ぜ合わせたジョッキをもっていた．その友人レイチェルは，13パイントのレモネードと5パイントの水を混ぜ合わせたジョッキをもっていた．ジェシカは，自分のジョッキから2パイントをレイチェルのジョッキに注いだ．レイチェルはそれをよくかき混ぜてから2パイントをジェシカのジョッキに戻した．二人はこれをさらに3回繰り返した．ジェシカのジョッキに増えたレモネードは，レイチェルのジョッキに増えた水に比べてどれだけ多いだろうか．

9. 古くからの間違い

今世紀になったころの問題集には次のような問題がある．「5項からなる等差数列で，5項すべての和が40で積が12320ならば，この等差数列の初項はいくつか．」その本では，3を答えとしている．この答えに異論はないだろうか．3が答えになるためには，どのように問えばよいだろうか．

[訳注2] 1パイントは英国では約0.57リットル，米国では約0.47リットルである．

10. 馬の売買

　私はジェシカとその友人のハンナを田舎の馬市に連れていった．そこで私たちは，商人が取引をしているのを見た．その商人は，午前中に同じような馬を何頭か同じ額で買った．そして，それらの馬を調べて，その中の1頭がほかの馬よりも少しばかりよいと判断し，それを手元に残すことにした．商人は，午後に残りの馬を，買ったときよりも1頭あたり20ポンド高く売った．ジェシカとハンナは少し計算してみて，この商人は午前中にすべての馬を買ったときに支払ったのと同じ額を手にしたことに気づいた．ジェシカはこう言った．「2頭の馬を手元に残して，残りの馬をそれぞれ買ったときよりも40ポンド高く売ったとしても，同じ額を手にしたでしょうね．」ハンナはこう言った．「ちがうわ，2頭の馬を手元に残すなら残りの馬をそれぞれ買ったときよりも45ポンド高く売らないといけない計算になるわ．」「二人のうち，どちらかが正解だ」と私は言った．

　さて，ジェシカとハンナのどちらが正解だろうか．そして，この商人は何頭の馬を買って，それぞれの馬にいくら払ったのだろうか．

11. 重みのある問題

　ゲームとパズルの古い本には，次のような問題と解答がある．

　「ある男は，天秤ばかりと4個の分銅をもっていた．この4個の分銅だけで，1ポンドから40ポンドまでのすべての重さを量ることができた．この4個の分銅は，それぞれ何ポンドか．

　この4個の分銅は，3ポンド，4ポンド，6ポンド，27ポンドである」

あきらかに，チーズ工場で働く人は，乳清（ホエイ[訳注3]）を何通りの重さに量れるか知りたいだろう．この分銅でどの重さの乳清が量れるだろうか．おそらく，この「6ポンド」は「9ポンド」の誤記だと思われるが，3ポンド，4ポンド，9ポンド，27ポンドの分銅があったとしたら，もっと多くの重さを量れるだろうか．そして，それはどのようにすればよいだろうか．

［この問題は，1612年にバシェが述べたことから，バシェの分銅の問題と呼ばれることが多い．しかし，すでにフィボナッチが1202年にこの問題を記述している．フィボナッチは，1ポンドから40ポンドまでのすべての重さを量れるような4個の分銅を示した．読者もおそらくその標準的な答えを知っているだろう．もしその答えを知らないのなら，そのような4個の分銅を見つけてほしい．また，その答えを知っているなら，それが一意に決まることを証明できるだろうか．］

12. 三角形分割

ここ数か月の間，ジェシカとレイチェルはビー玉遊びに夢中だった．二人は連携プレーで近所のビー玉をほとんど手に入れてしまった．ジェシカはそのビー玉を床に並べて，ボーリングの10本のピンや玉突きの15個のボールの配置のような三角形を形作ろうとした．二人はそれが完全な三角形に並べられることが分かり驚いた．次に，レイチェルはそのビー玉をもっと小さい三角形に並べてみると，さらに驚いたことに，同じ大きさの三角形をいくつか作るのにちょうどの個数であることが分かった．二人がほかの大きさの三角形も作ってみると，そのビー玉で同じ大きさの三角形をいくつか作るやり方は8通りあることが分かった．（もちろん，この8通りには，最初の作った

[訳注3] 分銅（ウェイト）とかけている．

大きな三角形一つだけの場合も含む.）二人のもっているビー玉はそれほど多くはなく，1000 個よりは確実に少なかった．二人は何個のビー玉をもっていたか.

13. マッチ棒で遊ぼう

1 やローマ数字と算術演算 +, −, ×, / を組み合わせると，5 本のマッチ棒でいろいろな数を作ることができる．その一例は，IV/I = 4 や V × I = 5 である．0 から 17 までのすべての整数を作ることができるか．18 はどうしても作ることができなかったが，読者は作れるだろうか．

14. コンピュータで混乱

ジェシカは自分の電卓や私のコンピュータで遊ぶのが好きだ．ある日，ジェシカは電卓とコンピュータで動きが違うことに気がついた．電卓に 3 + 4 × 5 と入力すると 35 になるのに，コンピュータに同じ式を入力すると 23 になるのだ．電卓は（十分に古いものであれば）一つ一つの演算をすぐに実行するので，3 に 4 を足すと 7 になり，それからその結果に 5 を掛けて 35 になる．コンピュータは，式全体を見て和より先に積を計算する．したがって，4 に 5 を掛けて 20 になり，それからその結果に 3 を足して 23 になる．これをジェシカに説明すると，ジェシカはその場を離れ，何度もボタンを押して試していた．しばらくするとジェシカが戻ってきて，この 2 通りの計算の方法で同じ結果が得られるような例を探したがいつも 1 番目の計算方法は 2 番目の計算方法よりも大きい答えが得られることが分かったと言った．本当にいつもそうなるのだろうか．そうでないとしたら，1 番目の計算による結果のほうが小さくなるのはどんなときだろうか．この二つの

結果が等しくなることはあるのだろうか．もし等しくなるとしたら，それはどんなときだろうか．なぜジェシカはそのような例を見つけられなかったのだろうか．

15. キャンディーの山分け

　ジェシカは友人のハンナやレイチェルと，キャンディーがたくさん入った袋を買った．3人はそれぞれ異なる額のお金を出したので，キャンディーを分けるためにその個数を数えたかったが，きちんと数えることができなかった．はっきりとしているのは，キャンディーの個数は500個未満であるということだけだった．結局，ジェシカはキャンディーを7個ずつ数えることにした．すると，最後に3個のキャンディーが余ることが分かった．3人は腹ぺこだったので，その3個を食べることにした．次に，ハンナは残ったキャンディーを8個ずつ数えた．すると，最後に3個のキャンディーが余ることが分かり，3人はそれを食べた．レイチェルは残ったキャンディーを9個ずつ数えたら，驚いたことにまたしても最後に3個のキャンディーが余ることが分かり，3人はそれを食べた．さて，最初にキャンディーは何個あったのか．

16. 息子と娘

　インドの最近のパズル本を読んでいて，標準的な問題の謎めいた変形を見つけた．

　男が 1,920,000 ルピー[訳注4] の遺産を残して亡くなった．ただし，それぞれの息子が受け取る額はそれぞれの娘が受け取る額の3倍で，

[訳注4] インドの通貨単位．

それぞれの娘が受け取る額は母親が受け取る額の2倍でなければならないという条件がつけられていた．このとき，母親はいくら受け取ったか．

あきらかにいくつかの情報が欠落しているので答えを見ると，49,200と10/13ルピーと書かれていた．少し計算すると，これは正しくなりえないことが分かる．その理由が分かるだろうか．正解はいくらになるべきか．そして，息子と娘はそれぞれ何人であったのか．

17. 3人の煉瓦職人

私は裏庭に塀を建てたかった．建てるのにどれくらいの期間がかかるかをとくに知りたかったので，地元の建築業者に見積りを頼んだ．建築業者はこれまでにいくつもの塀を道路に建てたことがあり，それらはどれもちょうど同じ大きさだったと答えた．しかし，その業者のところには3人の煉瓦職人がいて，これまで二人一組でしか塀を建てたことがなかった．アルとビルに仕事をさせたときには12日かかり，アルとチャーリーでは15日，ビルとチャーリーでは20日かかった．そこで，私はそれぞれの煉瓦職人が一人で仕事をしたら何日かかるのかと尋ねた．建築業者は首をひねり，3人の煉瓦職人を一緒に働かせたら何日かかるか分かると考えたが，電卓は持ち合わせていなかった．3人がそれぞれ一人で仕事をした場合と，3人が一緒に仕事をした場合に，それぞれ何日かかるか分かるだろうか．この古典的な問題が簡単すぎるようであれば，これらの日数がすべて整数になるものをどのようにして見つければよいか説明できるだろうか．

18. 年齢の比

ジェシカは16歳になったばかりで，そのことをとても意識してい

た．近所に住んでいるヘレンは8歳になったところで，私はジェシカをこうからかった．「7年前，ジェシカの歳はヘレンの歳の9倍だった．6年前，ジェシカの歳はヘレンの歳の5倍だった．4年前，ジェシカの歳はヘレンの歳の3倍だった．そして，今やジェシカの歳はヘレンの歳の2倍だ．気をつけていないと，すぐに同じ歳になってしまうぞ．」ジェシカは少し悩んでいるように見えたが，ぶつぶつ言いながら立ち去った．私はジェシカがたくさんの計算を走り書きしているのを見た．次の日，ジェシカはこう言い返してきた．「お父さん，それってもう限界だわ．ところで，私の歳がヘレンの歳の半分だったときを考えたことある？」今度は私が悩んでぶつぶつ言いだす番だった．「そんなことは起こらない．ジェシカはいつもヘレンより年上だ．」「そうポジティブにならないでよね．」ジェシカはそう言うと，学校に行ってしまった．何かうまい答えがあるだろうか．

19. 足し算表

もちろん読者は，魔方陣がどんなものかについて知っているだろう．それは，1からn^2までの整数を$n \times n$の配列に並べたもので，それぞれの行，それぞれの列，そして二つの対角線に並んだn個の数の和がすべて$n(n^2+1)/2$という同じ値になるようなものである．位数3の魔方陣は本質的に1種類しかなく，紀元前数世紀の中国ではすでに知られていた．本質的に異なる位数4の魔方陣が880通りあることは，1675年頃にフレニクル・ド・ベッシーが示した．

4×4の魔方陣を作るのには次のようにすると都合がよい．すなわち，二つの集合を用意し，0から15までの整数それぞれが，一方の集合から選んだ一つの数ともう一方の集合から選んだ一つの数の和として一意に表せるようにするのである．もっとも簡単な例は，一方の集合を$\{0,1,2,3\}$とし，もう一方の集合を$\{0,4,8,12\}$とする場合であ

る．これで，0から15までの整数をちょうど一つずつ含む次のような足し算表が得られる．

	0	1	2	3
0	0	1	2	3
4	4	5	6	7
8	8	9	10	11
12	12	13	14	15

このような別の例を見つけることができるだろうか．

20. 日当支払い問題

私の友人は何年か前に地元のピザ屋を経営していた．毎日9名の従業員が働いたあとの勤務交代のときに，友人は彼らに日当を支払い，その支払総額は毎日333.60ドルであった．勤務時間は1時間単位で，働いた時間は全員同じである．従業員には3種類あり，それぞれ時給は5.00ドル，3.75ドル，1.35ドルである．それぞれの従業員は何名いて，勤務時間は何時間か．

21. おやまあ！

Whizz Kids Crazy Puzzle Book (Macdonald, London, 1982) の問題55の小問3では，その42ページにある複雑な図の中に次のように数が配置されている．

```
7  3  11
9  5  22
?  2  27
```

欠けている数はいくつであるべきか．その83ページでは答えは19だとしている．この結果はまったく理解できなかったが，しばらくして，これは何らかの誤植に違いないと確信した．答えは単純に印刷されていたので，簡単に誤植を生じることがあっただろう．すなわち，10と手書きされていたのが19と誤読されたかもしれないのだ．問題自体は描かれた図版なので，その内容に誤植が含まれることは起こりにくそうだ．しかし，答えの数の間違いは見過ごされることがあっただろう．何年かの間この問題を私の部屋の扉に貼っておいたら，1993年10月に私の学生である学部1年生のステファン・キングがこれを解いた．実際には単純な誤植であり，問題はそれほど難しいものではなかった．正しい考え方に気づきさえすればよいのだが，私自身で見つけられなかったことに驚き，いささか恥ずかしく思った．どこに誤植があり，本来はどうあるべきだったのか分かるだろうか．

22. 約数3個の和

同僚のウィリアム・ハーツトンは，彼の楽しい著書 *Book of Numbers* で，うっかり6はその3個の約数の和になる唯一の数だと主張してしまった．ここでは，約数としては相異なるものとするので，たとえば $6 = 1 + 2 + 3$ ということである．3個の約数の和になるような数をすべて求めることができるだろうか．また，2個の約数の和になる数や，4個の約数の和になる数についてはどうか．

23. 平方数つながり

ジェシカと友人のベンは，$x^2 + y^2 = z^2$ の正整数解であるピタゴラスの三つ組をたくさん求めようとしていた．少し時間をかけたが，二人はそれほど多くの解を見つけることができなかった．そこで，問題

に行き詰まると誰でもそうであるように，ベンは問題を $x+y=z^2$ の解のように少し単純にしようと提案した．もちろん，これには解が山ほどあり，二人はいくつかの例を書きとめた．ジェシカは，x と y にいくつかの数が繰り返し現れていて，$1, 3, 6, 10, 15, 1, \dots$ のように隣り合う 2 数の和が平方数になるように並べられることに気づいた．ベンは，2 から始めても，2, 7, 9, 16, 20, 5, 4, 12, 13, 3 となって，ジェシカの並べた数につながると言った．ジェシカはそれを見て，1 から始まる連続した数すべてを使ってこのような数列を作れるかどうか知りたかったが，そのためにはどこまでの数が必要なのか分からなかった．何百とかまで必要なのだろうか．彼らを助けてあげることができるだろうか．すなわち，$1, 2, \dots, N$ を一列に並べて隣り合う 2 数の和が平方数になる（循環する必要はない）ような N の最小値が見つけられるか．

第2章

数字の性質

24. 手抜きの掛け算 ─────────────

ジェシカの学校のグラインド先生は，5×142857 はいくつかとジェシカに尋ねた．しばらく考えて，ジェシカは714285という答えを出した．しかし，ジェシカの友人のパドは，末尾から先頭に7を移動させるだけでよかったと指摘した．これをすごい裏技だと考えたジェシカは，グラインド先生がある数の9倍を求めるように言ったとき，末尾にある9を先頭に移動させて正しい答えを得た．その数はいくつだったか．

25. またしても手抜きの掛け算 ─────────────

5×142857 を単に末尾の数字 (7) を先頭に移すことで計算できることをジェシカが発見し，この裏技を熱心に使い込んでいたのを覚えているだろう．残念ながらジェシカはどちら側の数字を移動させればよいか常に覚えてはおけなかったので，グラインド先生が同じような問題を尋ねたときに，ジェシカは先頭の数字を最後に移動させた．ジェシカの答えは正しかった．その問題はどのようなものだったか．

26. 足し算マジック

これは友達に演じてみせることのできる手品である．しかし，まず自分でうまくできるようにならなければならない．

友達に，9個の数字 $1, 2, \ldots, 9$ を3個の3桁の数 ABC, DEF, GHI に並べ替えて $ABC + DEF = GHI$ になるようにしてもらう．これはそれほど難しくないので，友達はわりとすぐにできるだろう．ここで，GHI に含まれる2個の数字を教えてもらう．あなたは，すぐさま3個目の数字を答える．どうすればこれができるだろうか．

これが簡単すぎるなら，このような足し算の成り立つ解は何通りあるだろうか．

27. べき乗の桁数

電卓で遊んでいたジェシカは，3乗した数が3桁になったり，4乗した数が4桁になったりする場合があることに気づいた．ジェシカは，n乗がn桁になるすべての場合を見つけようとしたが，彼女の電卓で計算するには桁数が大きくなりすぎて諦めた．このような最大の数を見つけることができるだろうか．これが簡単すぎるならば，このような数をすべて見つけてほしい．

28. 数字の和の平方

戦時中のパズル本に次のような謎解きがあった．648は，その数字の和の平方によって割り切れる．すなわち，648の数字の和は $6 + 4 + 8 = 18$ であり，$18^2 = 324$ は648を割り切る．この本には，そのような3桁の数は10個あると書かれていた．考えてみると，この本の著者はそこで述べていない制限を設けていくつかの場合を除外

していることに気づいた．このすべての解を求めることができるだろうか．また，解を10個にするためにこの本の著者が設けた暗黙の制限を解明できるだろうか．

29. 数字のべき乗の和

1よりも大きい数がその（通常の十進記法による）各桁の数字の3乗の和に等しくなることは，注目に値する．このアイディアは，F. オッペノーが1937年にベルギーの雑誌 *Sphinx* に宛てた手紙で最初に提示された．驚くべきことに，オッペノーは（あまりに自明なので常に除外される1以外にも）ある場合を除外していた．このような数をすべて見つけることができるか．

n桁の数で，その各桁の数字のk乗の和になるようなものは，今ではPDI (Perfect Digital Invariant) と呼ばれている．ここでは，常に最上位の数字は0でないものとする．$k = n$ならば，PPDI (PluPerfect Digital Invariant) と呼ばれる．たとえば無限に多くのPDIがあるかどうかなど，PDIについて知られていることは非常に少ない．しかしながら，与えられたkそれぞれに対してPDIは有限個しかなく，PPDIも有限個しかないことが証明できる．（分かっていることはそれだけではないが．）

30. さらに手抜きの掛け算

少し前，ジェシカが3×285714を単に先頭の数字を末尾に移して857142と計算できることや，5×142857の末尾の数字を先頭に移して714285と計算できることを発見したのを覚えているだろう．ジェシカは少し成長して，小数も扱えるようになった．ジェシカは，一方の端にある数字を反対側に移すと$3/2$倍になる数を求めようとしてい

た．ジェシカを助けてあげられるだろうか．

31. 桁交換の掛け算

次の問題は，ヤコブ・ペレルマンによる一般向けのロシア語書籍に登場するが，それ以外では見たことがない．$46 \times 96 = 64 \times 69$ となることに気づいていただろうか．私は知らなかった．このように桁を交換しても成り立つ2桁の数の対をすべて求められるだろうか．その解を眺めていて，当然ながらほかにもこのような2桁の数の対があるか知りたくなった．これは二つの方向に進めることができる．まず，ペレルマンはゼロを使うことを考えていなかったが，ゼロを許すとどうなるだろうか．次に，数字を別のやり方で並べ替えることができるだろうか．その答えはかなり長くなるが，明快である．この問題を解くためには計算機を使ったほうがいいかもしれない．

32. 掛けたら並び替え

$14 \times 926 = 12964$ を考えてみよう．左辺にある5個の数字は，すべて右辺の結果にも現れる．最初にこれを見たのは *Ripley's Believe It or Not!* シリーズの中であった．そこにはいくつかの例があげられていて，このような2桁×3桁＝5桁の式はちょうど12通りあると主張されていた．しかしながら，ほかの形を検討するのは忘れ去られていた．右辺が2桁の式はないが，右辺が3桁の式は3通りある．その3通りを見つけることができるだろうか．

33. 抹消！

$$
\begin{array}{r}
111 \\
333 \\
555 \\
777 \\
+999 \\
\hline
2775
\end{array}
$$

　上記の足し算が黒板か石板に書かれていたと考えてほしい．おそらくは石板が使われていた時代の古い問題は，この数字のいくつかを消して，和が1111になるようにせよというものだ．通常，この問題は消す数字の個数が与えられている．最近見かけた問題では，$111 + 333 + 500 + 077 + 090$ のように5個の数字を消す例や9個の数字を消す例を示し，6個の数字を消すように求めていたが，それはそれほど単純ではないと述べられていた．この問題に取り組んだあとで，「和を1111にするためには，何個の数字を消すことができるか」が知りたくなり，その解の個数を求めた．多少手間がかかるものの読者もこれらの問題を解けるにちがいない．

34. 100を作れ

　19世紀のよく知られたひっかけ問題に「1から9まで数字を並べて，足し合わせた合計が100になるような式を作れ」というものがある．答えは，$15 + 36 + 47 = 98 + 2 = 100$ である．同じような答えはいくつかあるが，問題5の解答で論じたような一般化されたパリティ論法（「九去法」または，9を法とした計算）によって，この9個の数字すべての純粋な足し算の和を100にすることはできない．引き算が許されるならば，$1+2+3-4+5+6+78+9$ や $123-45-67+89$

のようなきわめて単純な答えがある．それでは，$n < 9$としたときの数字$1, 2, \ldots, n$だけを使うとしたら，どのnに対して純粋な足し算の結果を100にすることができるだろうか．それ以外の方法で，数字$1, 2, \ldots, n$を使って100を作ることができるだろうか．

35. 数字の和が約数

数の研究では，数を構成する数字の和がさまざまなところに現れる．1897年の代数の教科書には，ほかの条件とともに整数がその各桁の数字の和で割り切れるという問題があった．ここから，その各桁の数字の和で割り切れるような数の研究をすることになった．あきらかに，任意の1桁の数ではこれが成り立つ．この性質をもつ2桁の数を見つけることができるだろうか．しらみつぶしで探しても見つけられるが，論理的に攻略できないだろうか．

同じ代数の本には，整数Nがその各桁の数字の和Sで割り切れ，また，その各桁の数字の積Pでも割り切れるという問題もあった．このような2桁の数の例をすべて見つけることができるだろうか．

さらに，このことから$N = SP$が成り立つことがあるかどうかを調べようとした．あきらかに，$N = 0$や$N = 1$ではこれが成り立つが，そのほかに2通りの例を見つけた．それらはそれほど大きくはない．計算機によって10,000,000まで探したが，それ以外の例は見つからなかった．そのような数はたかだか60桁でなければならないことを示すのはそれほど難しくはない．そして，同僚のトニー・フォーブスは，計算機による探索をこの上限までうまく延長して，それ以外の例がないことを確かめた．

36. 珍しい4桁

ある本には，4桁の数 $ABCD$ で，それを2個の2桁の数 AB と CD に分けると $AB+CD$ の平方が $ABCD$ になるような例が載っていた．この本では，もう一つだけ別の例があることをほのめかして，それが何であるかを問うている．しかしながら，小さな計算機でも，もっと多くの解があることが分かった．

37. 二と二で四，または五

韻を踏んだ古い一節に「2と2で4，4と4で8，8と8で16，16と16で32，2と2で4，…」というものがある．この最後の段階では32の一の位だけを考えている．今風の言い方では，これは10を法とした計算である．一つ前の段階からこれを行えば，2倍を繰り返すことによって $2, 4, 8, 6, 2, 4, \ldots$ と循環する．2倍した結果には偶数しか現れないので，この処理ではこの循環数列にすべての数字を使うことはできない．それでは，それぞれの段階で，2倍か，または，2倍に1を加えたもののどちらかを選んでよいと仮定しよう．たとえば2からは4か5に進むことができ，8からは6か7に進むことができる．こうすると10個の数字すべてを使った循環数列を見つけることができるだろうか．そのような循環数列は何通りあるだろうか．

38. 素数の連鎖

数列 11317197 において，隣り合う2個の数字はそれぞれ2桁の素数になっていて，その素数はすべて相異なる．このような数列のうちもっとも長いものを求めよ．そのような数列は何通りあるだろうか．

第 3 章

魔方陣

　魔方陣は，それぞれの行，列，対角線に並んだ数の和がすべて同じになるように $1, 2, \ldots, n^2$ を正方形に並べたものである．当然，これらの和が等しいという要求を満たすように $1, 2, 3, \ldots, n^2$ を並べるやり方は何通りもある．もっとも有名で古くからある例は $n = 3$ の場合で，次に述べるような 3×3 の魔方陣はどうやら紀元元年あたりの古代中国のものらしい．古い中国の書物は，この魔方陣が伝説上の禹帝の時代である紀元前 2200 年あたりにまで遡ると主張し，さまざまな神秘的な意味を魔方陣に結びつけた．この魔方陣では，それぞれの行，列，対角線の和はすべて 15 になる．このような魔方陣を作る方法は数多くあるが，そのうちの一つを図 A に示す．

6	1	8
7	5	3
2	9	4

図 A

3×3 の魔方陣では，その解を回転および裏返すことによって 7 通りの別解が得られる．しかし，これら 8 通りの解はすべて同じとみなす．和が期待する値になるさまざまなパターンの数の配置に関して，何世紀にもわたって数多くの問題が提示されてきた．この章では，古くか

らある作品から選んださまざまな種類の事例を考えるが，提示されている解が不完全なこともよくある．すべての解を見つけ出したことを確かめるためには，しばしば計算機が必要になる．

39. 縦横の和

ジェシカと友人のヘンリエッタは足し算に取り組んでいた．ジェシカは次のような足し算を調べていた．

$$\begin{array}{r} 16 \\ +32 \\ \hline 48 \end{array}$$

ジェシカの肩越しにこれを見たヘンリエッタは「同じ数字が一つもないのがいいわね」と言った．ジェシカはしばらくそれを見ていたが，「分かる？ 横に足し合わせた結果もまた同じにならないのよ」と言った．「えっ，どういう意味か分からないわ．」そこで，ジェシカは次のように書き加えた．

$$\begin{array}{ccccc} 1 & + & 6 & = & 7 \\ + & & + & & + \\ 3 & + & 2 & = & 5 \\ \| & & \| & & \| \\ 4 & + & 8 & = & 12 \end{array}$$

「ほら，それぞれの行を足し合わせると，その結果は 7, 5, 12 になって，それらは最初に書いてあった 6 個の数のどれとも違うのよ」

「すごい，本当によくできてる」とヘンリエッタは言った．「9 個の数が全部違うなんて．」しばらくして，ヘンリエッタはこう続けた．「もし，この 9 個の数が 1 から 9 までの数字だったら，本当に本当に

素晴らしかったのに．きっとそうする方法があるに違いないわ．だって，そうしたらとっても美しく見えるでしょう？」

ジェシカはこのように並べて見せることができるだろうか．（上記の例では12が置かれた）右下隅を無視するとしたら，何通りの解があるだろうか．

40. すべての数字を使って ─────────────

古いパズル本には，9個の正の数字を，比が1:2:3であるような3桁の数3個に並べよという問題がある．私は，入念な試行錯誤によってこれを解いた．それから確認のために簡単なプログラムを書いたら，ほかにも解が見つかった．これは，いくつかの数字が0でないことを確かめ忘れたためであった．その見つかった解は，10個の数字のうちの9個を比が1:2:3であるような3桁の数3個に並べたものである．私はプログラムを修正してさらにいくつかの解を見つけた．そのような数字の並べ方をすべて見つけることができるだろうか．

41. 十字陣 ─────────────────────

```
          2
          4
1 3 5 7 9
          6
          8
```

ジェシカと友人のサラは，トランプで遊んでいた．二人は，同じマークのAから9までを取り出し，偶数と奇数のカードを図のように並べた．しばらくこれについて考えたジェシカは，この縦と横に並んだ5個の数字をそれぞれ足し合わせると同じ25という値になると

言った.もちろん,ジェシカは図にあるように A を 1 として数えた.サラはそれについて考えて,こう言った.「不思議! ほかにもこんなことができるかしら.」ジェシカは言った.「たくさんあるわ.ほら,1 と 3 を交換するだけでできるもの.でも,これは当たり前よね.それから,中央の 5 はそのままにして奇数と偶数を入れ替えることもできる.でも,これも当たり前よね.でも,1 と 9 をそれぞれ 2 と 8 と交換しても間違いなく別の解が得られるわ.」サラは言った.「何通りの解があるのかしら.足すと 10 になる対はたくさんあるから,それらをいろんなふうに並べ替えることができるわ.それらはすべて別の解になるのかしら.」ジェシカは答えた.「25 の何が特別なのかな.ほかの和でも同じようにできるかしら.それには何通りの解があるのかな」

42. グルッと一周

最近のインドのパズル本に,1 から 10 までの 10 個の数を円周上に並べて隣り合うどの 2 数の和もちょうど反対側にある 2 数の和に等しくなるようにせよという問題がある.一つだけ答えが与えられているが,もっと多くの解がある.そのすべてを見つけることができるだろうか.$1, 2, \ldots, 8$ でも同じことができるか.

43. 砂時計形

この章の冒頭で述べた 3×3 の魔方陣はよく知られている.最近,ある本で次のような「砂時計」形のものを見つけた.2 本の水平方向の直線と中心を通る 3 本の直線に沿って足し合わせるとすべて同じ値になるように,$1, 2, \ldots, 7$ を 7 か所の場所に置いてほしい.私が見た本では,この足し合わせた値が与えられていて,解が一つだけ示され

ていた．しかし，賢明な読者はどのような値をとりうるかを見つけだし，すべての解を求めることができるはずだ．

$$\begin{array}{ccc} A & B & C \\ & D & \\ E & F & G \end{array}$$

44. 定和67の魔方陣 ─────────

67番地の隣人は数学に関心のある職人だった．彼は門柱として2枚の石の銘板を彫った．その一つには，英語，アラビア数字，ローマ数字などさまざまな表記法で67を彫った．そしてもう一つには，誰が見てもすぐに定和が67になる魔方陣だとわかる次のような数の配列を彫った．

$$\begin{array}{cccc} 16 & 19 & 23 & 9 \\ 22 & 10 & 15 & 20 \\ 11 & 25 & 17 & 14 \\ 18 & 13 & 12 & 24 \end{array}$$

これは連続した数を使った「連続」魔方陣でないことに気づいたにちがいない．定和を67にするような4×4の連続魔方陣を作るのは不可能なことを示せるだろうか．さて，しかしながら次善の策として，1から17までのうちの16個の数を使って，すなわち魔方陣に用いる数の並びは1個の数を抜かしただけで，定和が67になる魔方陣を作れるのである．これを，ほぼ連続魔方陣と呼んでもよいだろう．どのような数であれば，その数を定和とするような4×4のほぼ連続魔方陣か連続魔方陣が作れるだろうか．

［残念ながら，この隣人は亡くなった．その家の新しい所有者は，玄関口を建て直し，その銘板を前壁の一番下に置いた．］

45. 三角陣

娘のジェシカとその友人のベンは学校で魔方陣を調べてきた．家に帰った二人は，魔方陣は四角四面で面白みがないと考え，三角陣を作ろうとしていた．いくつか実験したあとで，二人は，6個の数を次の図のように配置して，それぞれの辺に沿った和が同じになるものを探すことに決めた．もちろん，魔方陣と同じように最初の6個の正整数をそれぞれ1個ずつ使った．二人は，いくつかの解を見つけたが，もうそれ以上は見つけられそうになかった．二人はほかにも解があるかと私に尋ね，実際には彼らがすべての解を見つけたことが私にはすぐに分かった．同じようにこのすべての解を見つけることができるだろうか．

$$
\begin{array}{c}
A \\
B \;\; C \\
D \;\; E \;\; F
\end{array}
$$

46. 差が一定の三角形 (1)

ジェシカとベンが三角陣をすべて見つけたあとで，二人はそれを友人のグワインに見せた．言うまでもなく，少し違うものでもいいから何かをやってみたくて，グワインはこう言った．「足し合わせることのどこがマジックなんだい．少し変えて，差になるものを探そう．」ジェシカとベンは声をそろえて「何だって？」と言った．「ほら，1,2,3のように辺に沿って3個の数を並べると，辺の中央にある数は両端の数の差になる．だから，それぞれの辺に沿ってこうなるように，1から6までの数を三角形に配置してよ．」二人はそれに取りかかってすぐに解を見つけたが行き詰まり，もうそれ以上は見つけられそうになかった．しかし，グワインは二人がすべての場合を試してい

ないと考えていた．さて，この解を見つけられるだろうか．そして，ほかにも解はあるのだろうか．

$$
\begin{array}{c}
A \\
B\ C \\
D\ E\ F
\end{array}
$$

47. 円形陣 (1)

互いに交差する3個の円を描く．これらは図のように6個の交点 A, B, C, D, E, F で交わる．

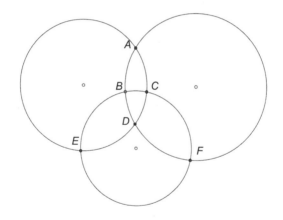

それぞれの円は，6個の交点のうちの4点を通り，その4点の組は $(A, C, D, E), (A, B, D, F), (E, B, C, F)$ になる．最近のパズル本で，これらの交点のうちの5か所に1から5までの数字を配置して，それぞれの円周上にある数の和を等しくするには6番目の交点にどんな数を置けばよいかという問題を見かけた．これは本書の読者には簡単すぎるので，1から6までの数字をこれら6個の交点に配置して，それぞれの円周上にある数の和が同じになるようなものをすべて列挙して

ほしい．

48. 円形陣 (2)

　1965 年の米国のパズル本には次のような問題がある．1 から 11 までの数を，一つは円の中心に，そして残りは円周上に等間隔に配置して，それぞれの直径上にある三つの数の和が一定になるようにせよ．これは簡単な種類の円形陣であろう．その本に示されている解は一つだけであった．すべての解を求められるだろうか．

49. 4 辺の和が一定

　1927 年のパズル本にはトランプを用いた一種の魔方陣がある．少し調べると，長方形の形状の 4 辺それぞれに沿った和を等しくせよという問題だと分かる．すなわち，次のように名前をつけたとき，それらに整数 $1, 2, \ldots, 10$ を一つずつ入れて $A+B+C+D = D+E+F = F+G+H+I = I+J+A$ としたい．このパズル本の著者は解を与えており，この解に一意に決まるというように述べている．彼の主張は正しいだろうか．

$$A \ B \ C \ D$$
$$J \qquad \quad E$$
$$I \ H \ G \ F$$

［この問題は，ビル・セバーンの *Packs of Fun: 101 Unusual Things to Do with Playing Cards and To Know about Them* にもあり，合計が 18 になるような解を求めていて，示されている解は一つだけである．］

50. 平方三角陣

多くの著名な数学者が数学パズルを創作しているが，彼らのうちでパズル本を書いている者は少ない．そのようなもっとも意外な数学者の一人に，数学基礎論において偉大な業績のあるジュゼッペ・ペアノがいる．ペアノは，1924年に *Giochi di Aritmetica e Problemi Interessanti* （算数ゲームと興味深い問題）(G. B. Paravia, Torino) を書いた．次の問題は，この本の中の結果にもとづいている．

次の図のように，それぞれの辺上の4か所に数を置くことのできる三角形を考える．これを魔方陣にするために，これらの位置に整数 $1, 2, \ldots, 9$ を配置して，それぞれの辺に沿った4数の和が一定になるようにしたい．すべての解を求めるのは，それほど難しくはないが少し面倒である．置き方だけを変えた同じ三角形が見つかるのを防ぐために，$A < D < G, B < C, E < F, H < I$ ということにしよう．この条件がないと，それぞれの基本解を48回ずつ見つけることになってしまう．

ペアノの本や1920年代のほかのパズル本でも，それぞれの辺に沿った数の<u>平方</u>の和が一定になる例を示している．しかし，それ以外の解があるかどうかについてはあきらかにしていない．そのような解を見つけることができるだろうか．また，ほかにももっとあるだろうか．

$$
\begin{array}{cccc}
 & & A & \\
 & I & & B \\
 & H & & C \\
G & F & E & D
\end{array}
$$

51. 差が一定の三角形 (2)

問題46で，1から6までの整数を三角形に配置して，それぞれの辺の中央の数がその辺の両端の数の差になるようにせよという問題を出題した．英国ミドルセックス州アシュフォードのアンドリュー・ヒーリーは，これをそれぞれの横に並んだ2数の差がそれらの上側にある数に等しくなる問題と誤読した．すなわち，次の等式が成り立つものと考えた．

$$A = B - C \text{ または } C - B; \qquad B = D - E \text{ または } E - D;$$
$$C = E - F \text{ または } F - E$$

ヒーリーは解を一つ見つけ，ほかには解がないかどうか知りたいと思った．ヒーリーを助けてあげられるだろうか．

$$A$$
$$B \ \ C$$
$$D \ \ E \ \ F$$

52. 差が一定の三角形 (3)

また，英国ウェスト・ヨークシャー州ハダースフィールドの読者G.C.マッドは，三角形における差の問題を違うように誤読した．マッドは，1から6までの整数を用いた三角形で，$A + D - B = A + F - C = D + F - E$ となるものを見つけようとした．マッドは，実際には見過ごした一つの場合を除いてすべての解を見つけた．この解をすべて見つけることができるだろうか．

$$A$$
$$B \ \ C$$
$$D \ \ E \ \ F$$

53. サイコロ魔方陣

発刊が 1930 年代と思われるが日付のない *The Boy's Book of Carpentry and Electricity*（子供の日曜大工と電気工作）は，9 個の同じ立方体のサイコロを，それぞれの行，列，対角線に沿って足し合わせた値が 9 になるよう，3×3 に並べることを求めている．そして，「その解は次のようになる」と述べている．

$$\begin{array}{ccc} 4 & 2 & 3 \\ 2 & 3 & 4 \\ 3 & 4 & 2 \end{array}$$

そろそろ，このような主張には疑ってかかるべきである．実際には，この主張が間違っている二つの理由がすぐに分かるはずだ．回転や裏返しで移りうるものは同じとすると，何通りの相異なる解があるだろうか．（まず 6 を含んだ解を考え，それから 5 を含んだ解を考えるとよいだろう．）

54. ドミノ魔方陣

（数学好きの学生のための英国の雑誌）*SYMmetry Plus* の最近の号に，ダブル・シックス[訳注5]に含まれる 4 個のドミノ牌を使って中央に穴のあいた 3×3 の枠を作り，それぞれの辺に並ぶ 3 個の値の和を等しくせよという問題がある．そのような配置を見つけるのは簡単であるが，図 B の例ではいくつかの値が同じになっている．大きいドミノ・セット（たとえばダブル・ナイン[訳注6]）を使えばすべての値が

[訳注5] 0 から 6 までの目が二つ描かれた牌で構成される．
[訳注6] 0 から 9 までの目が二つ描かれた牌で構成される．

異なるような配置を作ることができる．すると，この形状はある種の魔方陣と考えられる．すなわち，$1, 2, \ldots, 8$ を図 C の記号が書かれたマスに入れて，4 辺それぞれに並ぶ 3 個の値の和を等しくできるということである．この問題は単純であるにもかかわらず，これまでに見た記憶はない．

図 B

図 C

55. 一般化魔方陣

A	B	C
D	E	F
G	H	I

最近，1930 年代のドイツのパズル本でこの問題を見つけた．魔方陣のように 9 個の正の数字を 3×3 の配列に並べたい．ただし，一列に並んだ 3 個の数字の和は必ずしも等しくなく，それぞれの辺と対角線に沿って足し合わせると 18 にしたい．すなわち，

$$A + B + C = G + H + I = A + D + G = C + F + I$$
$$= A + E + I = C + E + G = 18$$

である．ほんの少し調べれば，中心の線に沿って足し合わせると 9 にならなければならないことが分かる．すなわち，

$$D + E + F = B + E + H = 9$$

である．このパズル本の著者は一つの解だけを示している．ほかにも解はあるだろうか．

この問題は，辺と対角線に沿って足し合わせると S になり，中央線に沿って足し合わせると T になるように一般化できることに驚かされた．$2S+T = 1+\cdots+9 = 45$ であることが分かるので，T は奇数でなければならない．注意深く場合分けして調べるか，簡単な計算機のプログラムを書けば，そのような解をすべて見つけられるだろう．その結果には驚かされた．

参考文献

Mitis, Caesar. *Rechnerische Scherze Zahlenkunststücke und Geometrisches für Jung und Alt*. Verlag von Otto Maier, Ravensburg, 発刊年不詳（1930年代？）

56. 7の魔力

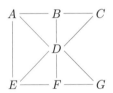

整数 $1, 2, \ldots, 7$ を配置して，図に示した直線に沿った数の和がすべて S になるようにしたい．すなわち，次の等式が成り立つようにしたい．

$A+B+C = A+D+G = E+D+C = E+F+G = B+D+F = A+E$

このような配置は何通りあるだろうか．

この問題は，アラン・ワードの *Simple Science Puzzles*; [Science Activities, US, 1970–1973]; Batsford, 1975, pp. 23 & 25 の拡張である．

第4章

通貨の問題

　私は長年英国で暮らしていて，この章の問題は英国の読者向きに書かれたものなので，古い英国の通貨であるポンド，シリング，(旧) ペンスがしばしば使われている．1ポンド（その通貨記号 £ は，1ポンドの重さを表すラテン語の *libra* に由来する．）は20シリングであり，1シリング（その通貨記号 *s* は，ローマの金貨であるラテン語の *solidus* に由来する．）は12ペンス（その通貨記号 *d* は，ローマの銀貨であるラテン語の *denarius* に由来する．）である．1971年の十進法化のあと，英国の硬貨は $\frac{1}{2}, 1, 2, 5, 10, 20, 50$ ペンス（通貨記号 *p*）であった．インフレがおきて $\frac{1}{2}$ ペンス硬貨は見かけなくなり，1ポンド硬貨と2ポンド硬貨が登場した．

　英国英語では，小切手（チェック）は古くからの財務省の用法に由来して cheque と綴る．それは，机上にチェッカー盤に似た市松模様の布を敷いて勘定を行ったからである．

57. 単位の取り違え ─────────

　最初に英国に来たときには，ポンド，シリング，(旧) ペンスがまだ使われていた．不慣れであったために，私は金額をどのように書けばよいかもよく分かっていなかったし，ときおりポンド，シリング，ペンスを取り違えた．ある日，私はこのような取り違えをしてしまった

が，あとで自分の間違った書き方が正しい金額を表していることに気づいた．このようなことが起こりうる最小の金額はいくらか．（もちろん，ポンド，シリング，ペンスの額はすべて異なる．そうでなければ，こんな取り違えをすることはない．）

58. 両替不可 (1)

ジェシカは友人のサラに1ポンドを両替してほしいと頼んだ．サラは財布を広げてこう言った．「硬貨はたくさんあるわ．1ポンド硬貨はないけど，1ポンドよりもたくさんある．」少し計算したあとで，ジェシカはこういった．「でも，実際には1ポンドを両替することはできないわ．」サラは最高でどれだけ硬貨をもっていることができただろうか．［英国外の人のために述べておくと，英国で流通している硬貨には，1ペンス，2ペンス，5ペンス，10ペンス，20ペンス，50ペンス硬貨がある．米国の通貨で挑戦したいのであれば，流通している硬貨は1セント，5セント，10セント，25セント，50セントである．カナダでは50セント硬貨がないことを除いて米国と同じである．］

59. 全種類に両替

ジェシカは友人のサラに1ポンドを両替してほしいと頼んだ．両替してもらった結果を見たジェシカは，すべての種類の硬貨が含まれていることに好奇心をそそられた．［英国外の読者のために述べておくと，流通している硬貨は1ペンス，2ペンス，5ペンス，10ペンス，20ペンス，50ペンスである．］ジェシカがこのことをサラに言ったとき，サラは何通りかのやり方で流通しているすべての種類の硬貨を使って1ポンドを両替できると言った．ジェシカはこのような両替が何通りあるかと尋ねた．読者はこれに助けの手を差し伸べてあげられるだろ

うか．このようなどのやり方でも両替できるためには，サラはどれだけの硬貨をもっていなければならないだろうか．［さらに意欲的な読者は一般に1ポンドを両替するやり方が何通りあるか求めてほしい．］

［米国で流通している硬貨は1, 5, 10, 25, 50セントである．カナダでは50セント硬貨がないことを除いて米国と同じである．］

60. 両替不可 (2)

最近，5ポンド未満の価格の品物に対して支払いをしたかったので，ある人に5ポンド紙幣を渡した．その人は，ぴったりのお釣りを渡すことはできないと言った．そこで，私はふざけて彼に5ポンド紙幣を2枚渡したら，驚いたことに彼はお釣りをきっちり払えると言った．こんなことが起こりうるのか．

米国ではこれが起こりうるだろうか．

61. 昔の通貨

どのようなポンドとシリングの額であれば，ポンドとシリングの額を交換すると総額が2倍になるという性質をもつだろうか．もう忘れてしまった人やまったく知らない人のために述べておくと，昔は1ポンドは20シリングであり，通常の合計額ではシリングの額は20より小さい．さて，この問題で昔の通貨を使うことにこだわっているのはなぜだろうか．

62. 得した取り違え (1)

ジェシカは銀行に小切手を換金に行った．ジェシカにお金を渡すとき，窓口係は忙しくてうっかりポンドとペンスを取り違えてしまった

が，ジェシカはしばらくそのことに気づかなかった．ジェシカは得をしたのだが，どれだけ得をしえたのか知りたいと考えた．具体的には，ジェシカが儲けることのできる最高額と最低額はそれぞれいくらか．

63. 得した取り違え (2)

銀行に小切手を換金にいったとき，ジェシカにお金を渡す際に窓口係がうっかりとポンドとペンスを取り違えてしまったが，ジェシカはしばらくそのことに気づかなかったことを思い出そう．ジェシカは得をしたが，そのときに彼女が儲けることのできる最高額と最低額を求めた．それでは，小切手の額と窓口係が取り違えた額の比の最大値と最小値はいくらになるだろうか．

第5章

ディオファントス問題

　ディオファントスは西暦250年ごろにアレクサンドリアに暮らしていた．彼について分かっていることはほとんどないが，彼の書いた『算術』は，代数の発展において画期的な出来事であった．ディオファントスは『算術』の中で多くの問題を解いたが，とりうるすべての解を求めた最初の人物であったようだ．それまでは一般的に一つの解で満足していたのだ．ディオファントスの研究成果は1620年にギリシア語とラテン語で最初に出版された．（フェルマーは，今では「最終定理」と呼ばれている有名な書き込みをこの本の余白に書いた．フェルマーの息子は父の書き込みを追加した版を1670年に出版したが，原本はのちに火災により失われた．）

　それ以来，多く（場合によっては無限に多く）の整数解があるような問題は，一般にディオファントス問題と呼ばれるようになった．その例をいくつか示す．

64. ヴェニスの商人

　ヴェニスの商人は死に瀕して9人の息子を枕元に呼んだ．彼は，長兄に真珠90個，次兄に真珠80個というように与え，最後の末弟に与えた真珠は10個だけであった．真珠は見事に粒ぞろいで，すべて同じ値打ちであった．商人は息子たちにパドゥアとヴェニスの市に行っ

て真珠を売り，息子たちが得た額に比例して彼の財産を分けるように指示した．息子たちはパドゥアに行き，公平になるように全員の真珠を同じ値段で売ることに合意した．息子たちはそれぞれ何個かの真珠を売り，売れ残った真珠はヴェニスで売った．ヴェニスでも，息子たちは全員が真珠を同じ値段で売ることに合意した．このような複雑な状況にもかかわらず，息子たちは全員が同額の財産を獲得した．どうすればこのようなことが起こるのか．

［ニコロ・タルタリア (1556) の問題に基づく．］

65. 試験時間

最近，「6回各 $2\frac{1}{2}$ 時間の試験」を「62回各 $\frac{1}{2}$ 時間の試験」と誤記された試験の時間割を見た．前者の合計は 15 時間であるのに対して，後者の合計は 31 時間である．このような誤記で二つの合計時間が同じになることがあるだろうか．

66. ギリシアの問題箱

プルタークによれば，辺の長さが整数で面積が周長に等しい長方形はギリシア人が見つけた．これを見つけることができるだろうか．

また，辺の長さが整数で，体積が表面積に等しい直方体の箱を見つけられるだろうか．

67. 中東の遺産相続

アラブの家長には 3 人の息子がいた．家長が亡くなり，3 人の息子の間で油井を分けるように遺言が残された．長男はその 1/2 を受け取り，次男は 1/3，三男は 1/7 を受け取ることになった．3 人が油井を

分けようとしたとき，41本の油井があることが分かった．満足いくようにこれを分ける方法がなかったので，3人はどうすればいいかと悩んだ．3人は，賢明だが貧しいオマール叔父さんを呼んだ．オマール叔父さんのもっている油井は1本だけである．オマール叔父さんはこの問題をどのように解いたのだろうか．

この問題をすでに知っているならば，$a \leq b \leq c$と仮定したときに，このような問題に使える整数の逆数の三つ組$1/a, 1/b, 1/c$が何通りあるかを決定せよ．

68. 問題箱

辺の長さが整数で，体積が表面積に等しい直方体の箱を見つける問題を出題したことを覚えているだろうか．いつものように娘のジェシカはこれを読み間違えて，表面積ではなく辺長の和を使った．これをうまく求められなかったジェシカは，辺長の和が表面積に等しい箱を探すことに決めた．これは体積と辺長の和が等しい場合よりはうまくいったが，いずれの場合もすべての解を見つけたとは考えていなかった．これに助けの手を差し伸べられるだろうか．なぜ後者のほうがうまくいったといえるのだろうか．

69. ピストール金貨とギニー金貨

18世紀の英国の通貨にはギニー金貨が含まれていた．ギニー金貨の額面は1ポンドだが，アフリカのギニア産の金で作られていて，ほかの金貨よりも純度が高かったので，結果として21シリングの価値があった．また，そのほかの硬貨，とくに17シリングの価値があるスペインのピストール金貨も流通していた．1745年の文章には，ギニー金貨とピストール金貨しかもっていないときに，いかにして100

70. ほぼピタゴラス三角形

現代の数学の授業では，生徒の創造性を育むために多くの教材を用いる．実際，しばしば難しすぎて教師が答えられないような問題を生徒が思いつく．長さが整数のキズネール棒を使うことで次のような問題がもちあがった．

生徒 「先生，直角三角形を作ったよ．少なくとも直角三角形に見える．その辺は 5, 5, 7 なんだ」

教師 「直角三角形みたいに見えるけど，それが本当に直角三角形かどうか確かめてみたら？」

生徒 「三平方の定理が成り立つかどうか確かめたほうがいいよね」

教師 「そのとおりよ．三角形が直角三角形になるのは，三平方の定理が成り立つとき，そしてそのときに限るのよね」

生徒 「実はダメだった．$5^2 + 5^2 = 25 + 25 = 50$ だけど $7^2 = 49$ だから」

教師 「整数の長さで作れるものとしては惜しいところね．その三角形は $x^2 + y^2 = z^2 + 1$ になる」

生徒 「$x^2 + y^2 = z^2 - 1$ も作れるよ．こいつらは『ほぼピタゴラス三角形』と呼ぶべきだね．ほんとにかっこいい．もっとほかにも見つけるにはどうすればいいかな．長さ 0 の辺はほんとはダメだけど，0, 0, 1 はこの式を満たす．そうだ，$x = z$ で $y = 1$ にすればいつもうまくいく．だけど，これは二等辺三角形で，ほぼ直角三角形には見えない．だから，すべての辺の長さが異なっていて，1 よりも大きいのが見つけたいんだ．うーん」

この時点で，この生徒はなんらかの手助けを必要としている．実際

には，この教師にも手助けが必要である．実際，彼らはいくつかの例を見つけたが，もっとも単純な例を見つけたかどうかは確信がもてなかった．ほかの例を見つけることができるだろうか．もっとも単純な例を見つけることができるだろうか．すべての例を見つけることができるだろうか．

71. ジオボード上のほぼピタゴラス三角形

前問で生徒が思いついたのは，ほぼピタゴラス三角形，すなわち，$x^2+y^2=z^2\pm1$であるような三角形であった．何日かあとに，この生徒はジオボードで遊んでいた．ジオボードは，碁盤のマス目のように正方形の格子状に並べられたクギの配列で，輪ゴムをクギにひっかけて，さまざまな多角形状の図形を作ることができる．当然のことながら，この生徒は，ジオボードでほぼピタゴラス三角形を作ろうとした．しかし，その条件に合うものを見つけられそうになかった．それはジオボードに十分な大きさがないからなのか，それとも探す努力が足りないからなのかを生徒は知りたいと思った．この生徒に手助けしてあげることができるだろうか．

72. ジオボード上の三角形

正方形状の配列に並んだクギに輪ゴムをひっかけて多角形を作るジオボードを思い出してほしい．学校の先生が，$n \times n$のジオボードでは何通りの異なる三角形が作れるかを尋ねてきた．しばらくこれに取り組んだのち，合同な三角形を見落としていたかもしれないことに気づいた．ジオボードには，同じ形に移される自然な移動がある．それは，横方向や縦方向の平行移動，$90°, 180°, 270°$の回転，横向きの二等分線，縦向きの二等分線，2本の対角線での裏返しである．これ

らの移動によって三角形がほかの三角形に移動できたならば，それらは（ジオボード）同値ということにしよう．しばらくこねくり回したあと，私は2通りの作り方ができる三角形の例を見つけたが，それらは同値ではなかった．3辺が 15, 20, 25 の三角形は，$(0,0)$, $(15,0)$, $(0,20)$ に頂点を置くこともできるし，$(0,0)$, $(25,0)$, $(16,12)$ に置くこともできる．これが，一方の配置では直角を挟む一辺が軸に沿っていて，もう一方の配置では斜辺が軸に沿っているような直角三角形のもっとも単純な例である．私の例は特別な形をしているが，そうでないもっと単純な例を見つけることができるだろうか．

73. CCCC 牧場

カリフォルニアを旅行すると，奇妙なものに遭遇することを期待するものだが，それよりも私は「CCCC 牧場」という道標を見て興味をかきたてられた．そこで，指示された脇道に沿って進んでいくと，5 マイルほど行ったところでその牧場を見つけた．それは，実際には小さな農場程度のものであった．若者が出てきて要件を尋ねた．その名称についての好奇心だけでやってきたと答えると，若者は大笑いした．「みなさん，それを知りたがりますよ．そう，ここでは C で始まる 4 種類の動物を育てています．」「そうですか」と私は答えた．「ごろ合わせを許してもらえるなら，牡牛 (cow) とニワトリ (chicken) は当然として，あとの 2 種類は何かな．」「子供たち (children) とアメリカマムシ (copperhead) です．この土地にはその忌々しい蛇がわんさかいたので，その毒を採るためにそいつらを育てることにしたんです」

娘のジェシカが甲高い声で言った．「蛇は何匹いるの．」「パズルは好きかい．」「大好きよ．」「では，現時点では頭は全部で 17 個だ．」「双頭の動物もいる？」「いいや．しかしいい質問だ．尻尾は 11 本だ．」「人にも尻尾があるってみなす？」「いや，全部本物の尻尾だし，尻尾

が2本もあるやつはいないよ.」「脚は全部で何本? そしてみんな普通に脚がある?」「脚は全部で50本で,みんな普通だよ.」「そうすると」とジェシカは言った.「4つの未知数があるから,まだ情報が必要だわ.」「残念ながら」と若者は言った.「それぞれ何匹かいることを除いて,私が言えることはこれがすべてだよ」

ジェシカはそれぞれの種類の動物が何匹いるか求められるだろうか.

74. 倍づけ

ジェシカとソフィーはマッチ棒を使ってポーカーを楽しんでいた.毎回,二人はできるだけたくさん,具体的には手持ちの点数が少ないほうの手持ち分だけを賭けた.最初にジェシカ,次にソフィー,というように交互に勝って,全部で6試合を行った.この時点で,二人は手元にあるマッチ棒の本数が同じであることに気づいてびっくりした.二人が最初にもちうるマッチ棒の最小本数は何本か.

[これが簡単すぎるならば,n 試合の場合の問題を解いてほしい.]

75. 奇妙なチェス盤

14世紀初期のフローレンスの教師マエストロ・ビアジオは,通常の 8×8 のチェス盤の外周には28個のマスがあり,内部には36個のマスがあることに注目した.ビアジオは,どのような大きさのチェス盤であれば外周にあるマスの個数が内部のマスの個数に等しくなるかと問うた.これに答えることができるだろうか.この答えをどのように解釈すればよいだろうか.また,ビアジオよりももっとよい答えがあるだろうか.

76. お小遣いの問題

ジェシカの3人の友人アナ,ベリンダ,キャスリンは,お互いのお小遣いを比べていた.アナのお小遣いはベリンダとキャスリンのお小遣いを合わせた額の3分の1であり,ベリンダのお小遣いはアナとキャスリンのお小遣いを合わせた額の2分の1であるとジェシカは教えてくれた.キャスリンのお小遣いはアナとベリンダのお小遣いを合わせた額に対してある割合であったが,キャスリンが何と言ったかジェシカは聞いていなかった.キャスリンがどれだけの割合だと言ったか分かるだろうか.3人それぞれのお小遣いの最小額はいくらになるだろうか.

77. ご着席ください

最近,英国でもっともよく知られた編者の一人によるパズル本に目を通していたが,彼は下院議員だったのでその名前を挙げないほうがよいだろう.その本の問題のいくつかはすばらしい古典であり,古典的なやり方で答えが与えられていることが多い.すなわち,どのようにしてその答えが得られたのかや,そのほかにも答えがあるのかどうかについては何も示さずに,答えだけが与えられているのだ.問題の情報の一部が削除され,問題がいっそう難しくなっているものもある.次に挙げる問題は,このような性質をもつ格別の例である.ここでは紙面を節約するために省略した部分がある.

劇場には3ポンド,4ポンド,5ポンドの席がある.この席がすべて売れて,劇場は7500ポンドを獲得した.それぞれの値段の席は何席あったか.

もちろん,これは5世紀の中国を発祥とし,それ以降よく知られることになった百鶏術を思い起こさせるようである.しかし,これがそ

の種の問題ならば，席の総数が与えられていなければならない．たとえ席の総数が与えられている場合でも，通常は数多くの解がある．そこで，答えを見てみると，3ポンド席を503席，4ポンド席を1494席，5ポンド席を3席売ったと述べられていた．これで，劇場には2000席あったことになる．劇場の席数が分かっていたとしても，答えで与えられた解以外にもまだ解は山ほどある．前述のような問題，すなわち，席数が分かっていない問題に対しては何通りの解がありうるだろうか．

78. 千年紀の難問

新たな千年紀が近づいているが，ミレニアム・ドームや地下鉄ジュビリー線の建設はまだ混沌とした状態にある．実際には次の千年紀は2001年になるまで始まらないので，あきらかにこの最後の1年を可能な限りうまく使う必要があった．しかし，それは日付に関することを除けば私たちにはほとんど関係がない．18世紀の本を読んで，正整数 X, Y で $19X + 99Y = 1999$ になる解は何通りあるかという問題を思いついた．全体を整理すると，一つの解，具体的には $19 \cdot 100 + 99 \cdot 1 = 1999$ が見つかり，そのほかの解は $19 \cdot 1 + 99 \cdot 20$ だけであることも簡単に分かる．そこで，19と99を使って2000を作れるかどうかが知りたくなった．すなわち，正整数 X, Y で $19X + 99Y = 2000$ になる解は何通りあるだろうか．

79. 立方陣

1993年の英国のジュニア数学オリンピックの問題では，1から8までの整数を頂点に配置して，それぞれの面の四隅にある4数の和がすべて同じになるような立方体を考えた．これは一種の立方陣である．

驚いたことに，*Laugh Magazine* No.26 でこの形の問題を見かけたことがある．それは 1950 年代にまで遡るようだ．ジュニア数学オリンピックで出された問題はむしろ単純で，同一の面に含まれない平行な 2 辺は，その両端の値の和が常に同じになることを示せというものであった．この条件を満たすようなすべての立方陣を見つけることはそう難しくないだろう．

第6章

覆面算

　覆面算は，すべての数字または一部の数字が文字で置き換えられた四則演算で，その目的は元の数字が何であったかを推論することである．おそらく，もっとも単純な例は $A + A = A$ で，これは $A = 0$ が唯一の解である．もっとも古くからある例の一つは，ヘンリー・デュードニーが *Strand Magazine* の 1924 年 7 月号に発表した $SEND + MORE = MONEY$ である．ずっと，これには唯一の解があると思い込んでいたが，計算機で確認したところ 35 通りの解が見つかった．その後，ドン・クヌースが，解はただ一つしかないと言って，私の解の一覧に含まれる間違った答えを親切に指摘してくれた．それによって私のプログラムにタイプミスが見つかり，再実行したところ一つの解しかないことが確認された．これは，間違いを犯すのがいかに簡単であるかを示している．

　数字 $0, 1, \ldots, 9$ に対応する文字によって単語が綴られている場合もある．覆面算のもっとも古くから知られている例は *American Agriculturist* の 1846 年 12 月号にあり，$PALMERSTON$ に数字を対応させるものだ．

　alphametic（アルファメティック）という単語が最初に登場したのはトロントの *Globe & Mail* 紙の 1955 年 10 月 27 日号に掲載された J. A. H. ハンターの Fun with figures 欄である．その後の著作では，「ハンターが読者から受け取った手紙の中で『数字が文字で置き

換わったアルファメティカルな問題』と呼んでいた」と述べられている．cryptarithm, arithmetical restoration, skeleton arithmetic という名称も用いられた．ただし，通常 skeleton arithmetic（虫食い算）は，問題80のようにすべて（または，ほとんど）の数字が？や＊のような単一の記号で置き換えられたものである．

1931年5月に，MINOS［シモン・バトリカンのペンネーム］は，ベルギーのパズル雑誌 *Sphinx* にこのようなパズルについて書き，cryptarithmie という名称を使ってその原則について次のように述べた．「魅力的な覆面算は，(1)解けたときの計算だけでなく問題に与えられた文字列にも筋が通っていて，(2)すべての数字を使い，(3)解がただ一つで，(4)試行錯誤に頼ることなく論理によって解くことができるべきだ．」(4)に関しては，このような問題ではすぐに間違いを犯すことを実感するに違いないので，計算機を用いて結果を確認した．しかし，前述のようにプログラミングでも簡単に間違いを犯してしまった．

80. 埋もれていた虫食い算 ─────────────

最近，ある本屋がマーチン・ガードナーの一冊の本の中から署名のない葉書に書かれた次のパズルを見つけたといって，親切にもそのコピーを送ってくれた．このようなパズルを初めて見た人のために述べておくと，目的は次の長い筆算の割り算[訳注7]において，それぞれの疑問符が表す数字をすべて求めることである．これには何通りの答えがあるだろうか．

[訳注7] 最下段の引き算の結果は0になる．

```
              ??.???
       ┌──────────
  ??) ????
        ??
       ────
        ???
         ??
        ────
         ?.?
         ?.?
        ────
          ?.??
          ?.??
         ────
            ??
            ??
           ───
```

81. 小町分数和 (1)

日本のパズル仲間である故芦ヶ原伸之（ノブ）は，次のような問題を出題した．1から9までの数字を一つずつ使って次の式が成り立つようにせよ．

$$A/BC + D/EF + G/HI = 1$$

ただし，分母は2桁の数と解釈するので，たとえば，3/24は1/8と解釈する．ノブは，3個の分数を入れ替えることを除いて答えは一つしかないと言って，答えを教えてくれなかった．彼は日本の長時間番組でこの問題を使ったが，数時間のうちに視聴者が答えを電話してきて驚いたと言っていた．解を見つけるのにそれほど簡単な方法があるようには思えない．私はもちろん諦めて計算機を使った．できることなら計算機を使わずにこの解を求められるだろうか．

82. 取り違えの功名

1993年に私の共同出題者の一人が *The Daily Telegraph* に出した問題に対して，英国ハートフォードシャー州ワットフォードのデヴィッ

ド・ヴィンセントは解答を送付してきた．その解は $27 - 24 = 72/24$ であった．しかしながら，ヴィンセントの葉書は誤って私に送られてきた． $46 \times 96 = 64 \times 69$ のように積を含んだ私の問題の一つにヴィンセントがコメントしてきたのだと私は考えた．私の問題は一般的に $ab \times cd = ba \times dc$ の形をしていて，私はヴィンセントが $ab - cd = ba/cd$ に対する解を見つけたと言っているのだと解釈した．そして，ほかにも解があるかどうか知りたいと思った．少し探してみて，この問題は計算機に任せる必要があると考えたが，なんとか手計算で解を見つけた．この形のすべての解を見つけることができるだろうか．

この問題はそれほど面白くはないかもしれないが，問題がどのようにして作られるかというよい例である．ある人のある文脈で生じたパターンを，ほかの人は異なる文脈で見て，最初の人が考えもしなかったであろう方向にそれを拡張するのである．

83. 誤りの誤りは正解

古いパズル本を読んでいると，ときおり書き手がなんとも怠慢に思えて驚かされることがある．そのような問題を解こうとすると長い時間を要することが分かる．1971 年のある本では，覆面算 $WRONG + WRONG = RIGHT$ の解を求めていた．通常は，異なる文字は異なる数字を表し，数値に置き換えたときの計算は正しくなくてはならない．この本には，「ありうる 2 通りの解」として $WRONG = 24765$ または 24153 とだけ書かれていた．私は「確実にすべての解を見つけられる」と考え，実際，本に書かれているよりも何倍も多くの解を見つけた．しかしながら，この種の作業を行うとすぐに間違いを犯してしまうので，私はプログラムを書いて計算機に実行させた．計算機は私が見落としていたさらに多くの解を見つけた．

だから、このすべての解を求めようとするならば、何ページにも及ぶ慎重な作業を覚悟してほしい。作業の範囲を絞りたいのであれば、$O = 0$ または $I = 1$ であるような解を求めてみてほしい。

84. 左折3回は右折

前問は、覆面算として解釈すると「誤り」二つを足し合わせると「正しく」なることを示す問題であった。英国やそのほかの左側通行の国では簡単には右折できないので、「二つの誤りで正しくはならないが、3回左折すると右折になる」といえる。では、$LEFT + LEFT + LEFT = RIGHT$ という覆面算の解を求めよ。

米国やそのほかの右側通行の国では「3回右折すると左折になる」といえるが、これは覆面算の問題にはならない。

警告：この覆面算には制約が少ないので、数多くの解があり、それらを手作業で見つけるためにはかなりの作業が必要になるだろう。それほど多くの作業をしたくないのであれば、解が一つでも見つかればよいことにするか、どの文字も数字0を表すことがないと仮定して解を求めよ。そうすると、この問題はかなり簡単になる。一般に、この種の問題は解が極端に少ない、できれば解が一意になるのが望ましい。そうであれば、退屈ないくつもの場合を調べるのではなく、論理的に解を決定することができる。しかし、これら2題では使われている文の意味が面白いのである。

85. OXO 立方体

1998年7月16日放送の番組「パズル・パネル」で、英国ウェスト・ミッドランズ州コヴェントリーの I. M. ベリーは「無を二乗すると立方体になる。これは何か」という問題を出題した。私がすぐに思いつ

いたのは，これを覆面算として見るということだった．すなわち，異なる文字が異なる数字を表すようにして，$NOTHING \times NOTHING$ が立方数になるものを考えるのである．しかしながら，その答えは OXO だった．（これは，英国では有名な立方体の固形ブイヨンのブランドである．）しかし私は帰宅してから，この覆面算の解を探した．私は，いくつかの解があることを見つけたが，それには計算機を使った．読者はその解を見つけることができるだろうが，もっと簡単なやり方が分かったら教えてほしい．

86. スクランブルエッグ 2 個とウィート ───────

World's Trickiest Puzzles という題名の本にはおもしろいパズルが載っていると期待するだろうが，この問題は思ったよりも扱いにくい．この問題は「スクランブルエッグ 2 個とウィート（小麦）パンのトースト」を意味する Stir two, wheat というスラングをもとにしている．問題は，文字がそれぞれ数字を表すときに，覆面算 $STIR + TWO = WHEAT$ を解くことである．この本で与えられている答えは $9754 + 713 = 10467$ である．しかし，これでは $R = E = 4$ になっている．このように同じ値になることは，通常はこの種の問題では禁じられている．しかし実際には，この問題の説明ではこれを禁じていない．同じ値になることを許すと制約条件が少なくなって問題は簡単になるが，より多くの可能性が生じて，通常はより多くの解ができてしまい問題は難しくなる．

ほかの通常の規則を破るか $W = 0$ を許すのでなければ，同じ値を使わない解はないことを示してほしい．また，$W = 0$ ならば何通りの解があるだろうか．

同じ値や左端のゼロを許すとしよう．このとき，もっとも単純な解は $0000 + 000 = 00000$ である．これには何通りの解があるだろうか．

そして，そのうち左端がゼロではない解は何通りあるか．これが，この本が意図している問題のように思われる．この場合，少なくとも3種類の数字 0, 1, 9 は使わなければならない．これら3種類しか使わない解は何通りあるだろうか．

87. 命がけで飛べ

World's Trickiest Puzzles には，次のような覆面算もある．

$$FLY + FOR + YOUR = LIFE$$

この著者は明記していないが，異なる文字は異なる数字に対応し，左端に 0 は許さないという通常の制約のもとでは，94 通りの解がある．その代わりに，著者は $O = 0$ および $I = 1$ というヒントを出している．しかし，著者が言いたいのは，これらが必ず真になるということではなく，こうなると仮定してみてはどうかということである．このとき，難なく見つけることができる一意な解がある．別の文献では，この問題にこの制限をつけたのはヘンリー・デュードニーだとされている．しかしながら，この著者がほかの問題でやっているように同じ数字を繰り返し使ってよいならば，もっと多くの解がある．左端に 0 を許さないと仮定すると何通りの解があるだろうか．（そして，左端に 0 を許すならば何通りの解があるだろうか.）

88. 奇数足す奇数は偶数

ある日いたずら書きをしていて，覆面算によって 2 個の奇数で偶数を作れるかどうかを確かめることにした．言い換えると，$ODD + ODD = EVEN$ に解があるだろうか．それぞれの文字が数字を表すときに，異なる文字は異なる数字であり最上位にゼロを許さないという標準的な規則を仮定する．

これができたので，次に3個の *ODD* で *EVEN* が作れるかどうかを確かめることにした．

あきらかにこの先も続けることができるので，すべてのとりうる解を見つけるために計算機を用いたが，それぞれの場合は手で計算してもそれほど時間がかからないので，問題として手頃だろう．

89. 奇数と偶数 (1)

2個の *ODD* で *EVEN* を作れるが，3個の *ODD* では *EVEN* を作れないことが分かったので，4個の *ODD* や，5個の *ODD* の場合にもこの規則が成り立つかどうか調べてみてほしい．

90. 奇数と偶数 (2)

いくつかの *ODD* で *EVEN* を作ることを調べたので，6個，7個，8個，9個の *ODD* でそれぞれ *EVEN* が作れるかどうかもおそらく考えてみたいだろう．

計算機をもっているか，あるいは有り余る時間があるならば，もっと多くの *ODD* で *EVEN* が作れるか，すなわち $k \times ODD = EVEN$ になるかどうか調べることできる．ただし，k は整数でその値はこの式の残りの部分に現れる数字と同じかどうか気にしなくてよい．これにはかなりの数の解がある．しかしながら，異なる文字は異なる数字を表すときに，$K \times ODD$ や $KL \times ODD = EVEN$ や $KK \times ODD = EVEN$ にも解がある．すでに，乗数が1桁の数であるようなこの種の実例をいくつか見てきた．乗数が2桁の KL であるような実例を見つけられるだろうか．乗数が2桁の KK であるような実例はごくわずかしかない．これらをすべて見つけることができるだろうか．

91. 三平方

49 を含んだ解があるほかの問題で，2 個の平方数 4 と 9 を連結して作った 49 もまた平方数になることに気づいた．ほかにもこのような例があるかどうかが知りたかったので，それらを探すプログラムを書いた．このプログラムはすぐに無限に多くの例があることを示した．その理由が分かるだろうか．これらを簡単な解と呼ぼう．私のプログラムは大きな平方数を二つの平方数に分解しようとすることから始めた．そのプログラムは最上位に 0 があるようないくつかの不適切な解を生成した．たとえば，9025 は 9 と 025 から作られる．簡単な解と不適切な解を除くと，連結した値が 10,000 以下の解はわずかしかない．これらの解を見つけるのに簡単な方法があるのかどうか分からないが，それらを求めるのにそれほど長い時間はかからないだろう．

92. フットボールの試合

インターネット上の数学クラブ NRICH (http://nrich.maths.org) では，1999 年の科学週間のパズルとして $FOOT + BALL = GAME$ が出題されていた．これには何通りの解があるだろうか．そこには「とても難解???」と書かれていて，答えはなかった．

とくに言及されていないが，それぞれの文字は数字を表し，異なる文字は異なる数字になるという通常の規則を適用する．完全な解を手で求めるのは面倒であることが分かっているので，探すべきことは解の求め方である．解の求め方を記述しようとする以前であっても，すべての解を得るためにはおそらく計算機を使いたくなるだろう．

93. 小町分数和 (2)

少し前に，1から9までの数字を $A, B, \ldots, I$ にどのように割り当てれば次の分数の足し算が正しくなるかという問題を出題した．

$$A/BC + D/EF + G/HI = 1$$

（分母は2桁の数と解釈するので，たとえば，3/24は1/8とみなす．）

英国バークシャー州ウォーキンガムのマイク・ベネットは，$A/BC + D/EF + G/HI$ という式を調べて，その和がとりうる最小値と最大値を求めた．この場合もそれぞれの文字は1から9までの数字を表す．少し試行錯誤すると，調べなければならないのは比較的少数の場合であることが分かる．しかし，そのすべてを調べようとすると簡単にしくじってしまう．そこで，マイク・ベネットは計算機を使って確認し，一方の値は正しかったがもう一方の値は間違っていたことを割り出した．これらの値をうまく求めることができるだろうか．

94. 小町分数和 (3)

芦ヶ原伸之（ノブ）による問題81は次のようなものであった．1から9までの数字を一つずつ使って次の式が成り立つようにせよ．

$$A/BC + D/EF + G/HI = 1$$

ただし，分母は2桁の数と解釈するので，たとえば，3/24は1/8と解釈する．答えは一つしかないが，それを手作業で見つけるのはたやすくない．

ノブが私を訪ねたとき，BC が B と C の積 $B \times C$ を意味する場合，同じ問題には一意の解があることを仲間が見つけたと教えてくれた．

すなわち，1から9までの数字を一つずつ使って次の式が成り立つようにせよということである．

$$A/(B \times C) + D/(E \times F) + G/(H \times I) = 1$$

この解が一意になるように次のような自明な条件を設ける．

$$A < D < G, \quad B < C, \quad E < F, \quad H < I$$

95. 小町分数和 (4)

ノブが私を訪ねたとき，次のようにも言った．BC が B と C の積 $B \times C$ を意味する場合，1から9までの数字を一つずつ使って，

$$A/BC + D/EF + G/HI = 1$$

が成り立つような解が一意になるだけでなく，BC を B と C の和 $B + C$ で置き換えても本質的に一意な解がある．

すなわち，1から9までの数字を一つずつ使って次の式が成り立つようにせよということである．

$$A/(B+C) + D/(E+F) + G/(H+I) = 1$$

この場合も，この解が本質的に一意になるように次のような自明な条件を設ける．

$$A < D < G, \quad B < C, \quad E < F, \quad H < I$$

96. 七日で1週間

1975年のすてきなパズル本 (Alan Ward; *Simple Science Puzzles*; [From *Science Activities*, US, 1970–1973]; Batsford, 1975, pp. 21 & 22) で，異なる文字は異なる数字を表すという通常の覆面算の条件に従うとき，$7 \times DAYS = WEEK$ の解を求めよという問題を見つけた．そのパズル本の著者は，E の値を与え，解が一意になるように暗

黙の仮定をおいていた．しかしながら，解を見つけるための単純な論理的筋道を見つけることさえできなかったので，もっとも簡単なのはプログラムを書くことのように思われる．何通りの解を見つけられるだろうか．そして，パズル本の著者は何を仮定したのだろうか．

第7章

数列パズル

　数列パズルは，ある数列がそのように並んでいる理由を考えることやいくつかの欠落した項を見つけることが求められる．単純な数列には標準的な技法がある．それは，隣り合う項の差をとり規則性が見つけられるかを調べることである．これで規則性が見つけられなければ，その差に対してさらに差をとる．しかし，このような数列は素直すぎて，考え抜かれた問題とはいえない．そうでなく，8, 4, 5, 9, 1, 6, 7, 3, 2 や，16, 06, 68, 88, ?, 98 のように異なる視点の要求される数列を考えることになる．前者では，それぞれの数を英単語と考えると，アルファベット順に並んでいることが分かる．後者では，ページを上下逆にしてこれらの数を見ると，86, ?, 88, 89, 90, 91 と並んでいることが分かる．先日，香港の小学校の入学試験の問 21 としてこれが出題されていたという電子メールをもらった．それでは，健闘を祈る．

97. ずるい数列

次の数列のあとに続く 2 項を求めよ．

10, 11, 12, 13, 14, 15, 16, 17, 20, 22, 24, 31, 100, 121

98. この次の数は？

これは，とんでもない数列問題である．次の数列のあとに続く数は何か．

A. 2, 4, 6, 30, 32, 34, 36, 40, 42, 44, 46, 50, 52, 54, 56, 60, 62, 64, 66.
B. 1, 4, 5, 6, 7, 9, 11.

99. 送ったったったったー

理由は分からないが，多くの人が数列パズルを作ることに屈折した喜びを感じる．私は試験監督をしている間にパズル本を読んでいて，SENT というパターンを思いついた．そして，これが次のように続けられることに気づいた．

SENTTTTTTTTTTTTTTTTTTTT

それでは，その次の文字は何か．

100. ひねくれた数列

ジェシカのいとこのワーナーはブリティッシュ・エアロスペースの仕事をしていて，少しひねくれたユーモア感覚の持ち主だった．最近，ワーナーは次のような葉書をジェシカに送ってきた．

親愛なるジェシカへ

TNESSFFTTO はとても重要な文字列だ．だけど最後の文字が省略されている．それが何か分かるかな．実際にはいくつかの可能性がある．いくつ見つけられるかな．

ワーナーより愛をこめて

101. ペンローズ数列

　近年はオックスフォード大学の数学のラウズボール教授職やグレシャム大学の幾何学の教授職にあり，『皇帝の新しい心―コンピュータ・心・物理法則』や『心の影―意識をめぐる未知の科学を探る』の著者でもあるロジャー・ペンローズ卿は，娯楽数学に対する数々の貢献においても有名であり，1958年にはペンローズの「不可能三角形」を創り出した．M.C.エッシャーはそれを元にして20世紀の象徴的絵画の一つである「滝」を描いた．1972年には，非周期的にのみ平面を敷き詰められる「ペンローズ・タイル」を発明した．そして，それが準結晶の概念と新たな種類の物質の発見へとつながり，準結晶を発見したシェヒトマンは2011年のノーベル化学賞を受賞した．何年か前にペンローズは次のような数列を示して，それを発表することを快く許してくれた．

$$35, 45, 60, P, 120, 180, 280, 450, 744, 1260$$

このペンローズ数 P はいくつか．

　この問題は，実際には二つの部分に分かれる．問題の前半はこの数列の規則を理解することであり，それによってこの数列をどちらの方向にも伸ばせるようになる．これは純粋に数学的な数列だといってよいだろう．英語での綴りなどといったおふざけはない．問題の後半は，P の値を求めることであり，これに必要な数学は，高校理系の範囲に入れるべきだが大学初年次の微積分の講義まで現れないかもしれない．したがって，何をすべきかが分からなければ，大学の数学（あるいは，物理学や工学のような数学を使う講義）を履修した友人に尋ねてみてほしい．

102. 数列あれこれ (1)

次のようなとんでもない数列問題がまだいくつもある.

- A. $E, O, E, R, E, X, N, T, ?, ?$
- B. $3, 9, 1, 5, 7, 2, 4, 8, 6$
   — この数列はどのような規則に従っているか.
- C. $7, 9, ?, 2, 1, ?, 10, 9, 11$

103. 数列あれこれ (2)

数列問題はまだまだある.

A. 次の数列にはどんな規則性があるか.

$$4, 8, 12, 2, 1, 7, 6, 3, 5, 11, 10, 9$$

B. ギリシアでは13で,スペインでは16で,フランスとイタリアでは17で,英国,米国,ロシアでは21で起こり,そして,アラビア,ドイツ,イスラエル,ノルウェーでは決して起こらない.それは何か.

C. 次の数列の最後の数は何か.

$$2, 3, 4, 5, 6, 8, 12, 30, 32, 33, 34, 35, 36, 38, \ldots$$

D. 次の数列の最後の数は何か.

$$1, 2, 3, 4, 7, 10, 11, 12, 14, 17, 20, 21, 22, 23, 24, 27, \ldots$$

E. 次の数列の最後の数は何か.

$$3, 5, 6, 7, 8, 9, 10, 11, 12, 13, 15, 16, 17, 18, 19, 20,$$
$$23, 25, 26, 27, 28, 29, \ldots$$

F. 次の数列にはどんな規則があるか.

$$1, 4, 3, 11, 15, 13, 17, \ldots.$$

104. 数列あれこれ (3)

これまでの問題の中に，次の数列の規則をあきらかにし，その最後の数を求めよというものがあった．

$$2, 3, 4, 5, 6, 8, 12, 30, 32, 33, 34, 35, 36, 38, \ldots$$

この数列の項はいくつあるか．

105. 数列あれこれ (4)

これまでの問題の中に，次の数列の規則をあきらかにし，その最後の数を求めよというものがあった．

$$3, 5, 6, 7, 8, 9, 10, 11, 12, 13, 15, 16, 17, 18, 19, 20,$$
$$23, 25, 26, 27, 28, 29, \ldots$$

この数列の項はいくつあるか．

106. 数列あれこれ (5)

これまでの問題の中に，次の数列の規則をあきらかにし，その最後の数を求めよというものがあった．

$$1, 2, 3, 4, 7, 10, 11, 12, 14, 17, 20, 21, 22, 23, 24, 27, \ldots$$

この数列の項はいくつあるか．

107. 初歩的なことだよ，ワトソン君

次の集合に含まれる文字にはどのような理由があるだろうか．

$$A, B, C, F, H, I, K, N, O, P, S, U, V, W, Y$$

ヒント：この問題を最初に出題したあとで，もはや A はこの集合に含まれないことが分かった．

第8章

論理パズル

108. オオナゾ村の奇妙な親戚関係 ─────────

私の住むオオナゾ村には，どこの村にもあるように，パン屋（ベーカリー），蔵元（ブリュワリー），肉屋（ブッチャー）がある．ある日，パン屋のおかみさんと話していたとき，おかみさんは，この3種類の職業を営んでいるのはベーカー氏，ブリュワー氏，ブッチャー氏だが，もちろん名字が表す仕事を営んでいる人はいないと語った．

「だけど，それは誰だって知ってるよ．私みたいな新参者でさえね」と私は応えた．

しかし，おかみさんはこう続けた．「でも，先日ブリュワー夫人が私に言ったことは知らないはずよ．この3人の男性は，ほかの2人の男性の一方の妹と結婚しているってこと．そして，どの男性も彼の職業を苗字にもつ女性とは結婚していないのよ」

「いや，知らなかった．そりゃビックリだね」

それでは，肉屋のおかみさんの旧姓は何であったか．

109. ハリウッドの殺人 ─────────

レストレード警部はダイニングルームに入った．その部屋の中央には死体が横たわっていた．電灯が消えたとき，その部屋にはほかに4人の人物がいた．その4人はそれぞれ次のように主張した．

> アリス 「私は誰が彼女を殺したか知っているわ」
> ベニー 「私が彼女を殺したの」
> キャロル 「ベニーが彼女を殺したのよ」
> ドナルド 「犯人はベニーでもキャロルでもないわ」

事件の背景を調査することで，この4人の容疑者はまったく信用できないことがあきらかになり，レストレード警部は4人全員が嘘をついていることを正確に見抜いた．

では，犯人は誰か．

しかし，これでは簡単すぎるだろう．4人のうち誰か一人だけが嘘をついているとレストレード警部は正確に見抜いたとしたら，犯人は誰か．

110. イカれた秘書

また秘書のフラビット女史がしでかした．フラビット女史は，今日送る手紙をすべてもっていって，それぞれをすべて間違った封筒に入れてしまった．私は，すべての封筒を開いて，それぞれの封筒にどの手紙が入っているかを確認しなければならなかった．しかし，もちろん私は最後の一つの封筒を開けなくても，その封筒にどの手紙が入っているかを推測することができた．これよりもうまくやることができるだろうか．すなわち，まだ開けていない封筒それぞれにどの手紙が入っているかを推測できるためには，何通の封筒を開けなければならないだろうか．

111. 質屋にて

叔父のジョージ・キングはキャッスル・スクエアで質屋 (pawn shop) を営んでいる．ジョージ叔父さんは，日中は退屈 (bored) だと言って

いるが，夜 (night) には彼とその仲間 (mate) を不渡り小切手 (check) で引っ掛け (rook) ようとしてくる美人 (queen) がいる．何はともあれ，次のようなことが起こったとジョージ叔父さんは語った．ある学生は流行りのダンスパーティーに彼女を連れ出すために 150 ドルが必要だった．学生がもっているのは 100 ドルの手形だけだった．学生はその手形を 75 ドルでジョージ叔父さんの質に入れ，それから「それだけの値打ちがある」と言ってその質札を 75 ドルで友人に売った．これで学生はダンスパーティーに必要だった 150 ドルを手に入れて喜んだ．では，誰かが損をしたのか．それは誰で，いくら損をしたのか．

112. 舗装費用負担問題

エーブル，ベーカー，チャリー，ドグという 4 人の百姓が州道 1 号線につながる未舗装の道路沿いに住んでいる．彼らの家は，州道からそれぞれ 1, 2, 3, 4 マイル離れている．行政は，彼らがその費用を負担するならば，ドグのところまで道路を舗装するという提案をした．その費用は 4800 ドルになると見積もられた．そこで，4 人がジミーのバーに集まったとき，ドグは 4 人がその費用の 4 分の 1 ずつ支払うことを提案した．ほかの 3 人は，彼が老獪なドグであることを分かっていたので，やや懐疑的であった．あなたがエーブルだとして，費用の妥当な按分を提案してほしい．

113. 真か偽か

ランゲルハンス島の中には正直島と嘘つき島として知られる二つの島があり，正直島の住民は常に真実を語り，嘘つき島の住民は常に嘘をつく．それらの島の住民はおのずと正直者と嘘つきと呼ばれていて，二つの島は近接していてほかの島からは孤立しているにもかかわ

らず，彼らはもう一方の島から来た疑いのある見知らぬ者はすべて殺してしまうほどに敵対していた．そして，お尋ね者から英語を学んだにもかかわらず，二つの島以外に島があることを本当に知らなかった．住民はよそ者を見かけたらすぐさまお決まりの質問をする．「どちらの島から来たのか．そして，ここはどちらの島か．」住民が満足できる答えを得たら，そのよそ者に一つだけ質問をすることを許す習わしがある．あなたは単独で世界一周航海をしているとき，これらの島の近くを通過していて海に押し流された．幸運なことに，この地域の風習について読んでいたあなたは，この二つの島の一方の海岸に打ち上げられたが，際立った特徴を見つけることができず，どちらの島であるかは分からない．住民の一団が近づいてきてお決まりの質問をした．そこで，あなたはその質問に何と答えるかを見い出し，そして質問を一つしなければならない．（あなたは何と答えるべきだろうか．）さらなる疑いをもたれないように，あなたがどちらの島にいるのかを割り出すことが重要である．質問一つでそれを割り出すことができるか．

114. ホームズ対レストレード

「主人をやったのはこの 3 人の召使いの誰かであることは確実です，ホームズさん」とレストレード警部は断言した．

「そうだろうね」とホームズは答えた．「そのほかの点では彼らの経歴に申し分はない．3 人はゼニア，ヨランダ，ゼルダだね」

「ええ，どう見ても 3 人のうちの一人はきわめて抜け目なくイカれた奴に違いありません．そいつは我々を混乱させるためなら何だってするでしょう」

「ときには真実を語ることもあるだろう」

「同感です．しかし，ほかの者は誰が殺ったかを知っていて必ず真

実を語るでしょう．そこで，誰が殺人犯であるかを見極めるために，彼ら一人一人に『はい』か『いいえ』で答えられる質問を一つずつ，合計で三つの質問をしようと思います」

「いいね．だが，そのような質問は二つだけで十分だ」

レストレード警部と同じように質問できるだろうか．あるいは，ホームズと同じように質問できるだろうか．

115. 何時の鐘か

村の教会の鐘は毎正時に鐘を鳴らして時を告げ，さらに 30 分にも 1 回鐘を鳴らす．ある夜，私はなかなか寝つけなかった．私は目覚めて横になり，鐘の音を聞いていた．その時の時刻が分かるようになるまで私が起きていたとすると，起きている時間は最長でどれだけになりうるか．そして，その時の時刻は．

116. ハゲしい状況

古いパズル本に目を通していると，しばしば興味深い問題に遭遇する．次の問題は，A. シリル・ピアソンによる 1907 年の *Twentieth Century Standard Puzzle Book* にあったものだ．

「ブリストルの人口がそこのどの住民の髪の毛の本数よりも 273 上回っているとすると，丸坊主の住民がいないならば，少なくとも何人の住民の髪の毛の本数が同じでなければならないか」

ピアソンはその答えを「少なくなくとも 474 人」としている．これに異論はないか．ピアソンはどのような解釈をしたのだろうか．

117. 暗闇にて

　私は靴下と手袋を一番上の引き出しに入れている．黒い靴下が5足，茶色の靴下が5足，そして黒い手袋が5組と茶色の手袋が5組である．ある夜，靴下と手袋をとりにいったとき，寝室の電球が切れてしまった．私は，暗闇の中でも靴下と手袋を区別できるが，それらの色や左右は分からないので，それを確認するためにいくつかを取り出して廊下にもって出なければならなかった．私が廊下にもって出た中に同じ色の靴下1足と同じ色の手袋1組が確実に含まれるためには，靴下と手袋をどれだけ取り出さなければならないだろうか．

　これに答えられたならば，言うまでもなく，私は同じ色の靴下と手袋がほしかったことに気づくべきだろう．この場合には，靴下と手袋をどれだけ取り出さなければならないだろうか．

118. コナゾ村の奇妙な親戚関係

　オオナゾ村からそう遠くないところにコナゾ村がある．どこの村にもあるように，コナゾ村にも肉屋，パン屋，蔵元がある．しかしながら，その仕事を営んでいるのはスミス，ジョーンズ，ロビンソンであり，彼らの名前は仕事と無関係である．奇妙なことに，3人は同じ頃に妻を亡くし，同じ年頃の娘がいる．この春，この3人はそれぞれほかの2人の娘のいずれかと結婚し，豪華な3組の結婚式を挙げた．スミス氏の義理の父の義理の父の妻の旧姓は何か．

119. 4組の嫉妬深い夫婦

　古典的な渡し船の問題の一つは，9世紀にヨークのアルクインが書いたとされる *Propositions for Sharpening Youths* に最初に登場し

た，妻を伴った3人の嫉妬深い夫が2人乗りのボートを使って川を渡るというものである．夫は3人ともとても嫉妬深く，自分がその場にいなければ，妻がほかの男と同じところにいることを許さない．この問題を解くのはそれほど難しくなく，ボートを11回移動させる解がある．1556年にタルタリアは4組の夫婦でも同じように川を渡ることができると述べたが，3人の妻を向こう岸に渡し，それから，彼女たちのうちの2人の夫を向こう岸に渡して3番めの妻をこちらに戻すというものであった．しかしながら，これでは3番目の妻の夫が嫉妬するので，前述の規則によって許されない．4組の嫉妬深い夫婦が向こう岸に渡る方法がないことを示せるだろうか．

1879年にM.カデ・ド・フォントネーは，川の真ん中に島があれば4組（以上）の夫婦でも渡ることができると述べ，4組の夫婦に対してボートを26回移動させる解を示したが，一方の岸から反対側の岸に直接ボートを進めることはしなかった．このような解を見つけられるだろうか．そして，それが最小回数であることを示せるか．1917年にヘンリー・デュードニーは，一方の岸から反対側の岸に直接ボートを進めることを許して17回の解を見つけ，それが最小回数であると述べた．デュードニーと同じかそれよりもよい解を見つけることができるだろうか．

［本問は，実際には三つの問題である．］

120. 家族の川渡り

父親が N 人の子供たちと旅をしている．その子供たちを，年齢の大きい順に $1, 2, \ldots, N$ と呼ぶことにする．子供 i は子供 $i+1$ よりも1歳年上である．大家族ではどこでもそうであるように，子供はすぐ年上や年下のきょうだいを除いて，ほかのきょうだいとまったく仲がよい．年齢が1歳離れた子供2人は父親がいなくなるとすぐに，喧嘩

を始める．この家族が川にやってきて，2人しか乗れないボートを見つけた．父親と最年長の子供1だけがボートを漕ぐことができる．どのようにすれば，彼らは家庭内の平穏を保ちつつ，もちろん余計な仕事をしないように最小回数の移動で川を渡ることができるだろうか．

121. オオナゾ村の幸せな家族

コナゾ村では，妻を亡くし，年頃の娘がいる3人の男性全員が結婚したことを覚えているかもしれない．オオナゾ村では，アーチャー家，ベーカー家，コブラー家，ダイヤー家の魅力的な未亡人4人にはそれぞれ年頃の息子がいた．しばらく前に，この8人が豪華な4組の結婚式を挙げて結婚した．言うまでもなく，これによって，この家族関係について述べることは極めて複雑になり，とくに村のほぼ全員がこの家族のいずれかと親戚だったので，今やほぼ全員が親戚である．村人はすぐに省略表現を開発した．たとえば，義理の父の義理の父は「2段義理の父」と呼び，同じように「2段義理の息子」という呼び方もする．ある日，私はアーチャー氏と話していた．よそ者である私には，誰が誰と結婚したのか覚えるのが大変で，村人はいつも私をからかった．私はアーチャー氏に，彼を悩ませるベーカー夫人について尋ねた．「それについては，4段義理の息子に相談しないといけない」と彼は言った．近くにいたコブラー氏は思わず吹き出した．「何言ってるんだ，アーチャー．」何がそんなにおかしいのかと尋ねると，コブラー氏は「よく考えてみなよ」と言うだけだった．私は誰が誰と結婚したか覚えていないと言い返すと，コブラー氏は同じことを繰り返して，笑いながら立ち去った．コブラー氏がそんなに面白がっている理由が分かるまで，私はしばらく時間がかかった．その理由が分かるだろうか．そして，アーチャー氏の4段義理の息子は誰か．

122. 4人の曾祖父母

　何年か前，多くの人には8人の祖父母がいるが自分には4人しかいないと述べている英国貴族の記述を読んだ．これはのちに，多くの人には8人の曾祖父母がいるが自分には4人しかいないと修正された．もちろん，私はこれについて少し考え，これが起こりうる妥当な状況を見つけた．しかしながら，最近これが起こりうる別の状況があることに気づいた．しかし，その2番目の状況はあまり起きないように思われる．この2通りの状況を見つけられるだろうか．

第9章

幾何パズル

123. 狩人の帰還

　偉大な狩人であるハイアワサは，獲物を探して遠くまで出歩いていた．ある朝，ハイアワサは，野営地で朝食をとった．そして立ち上がると北に向かった．まっすぐに10マイル進んだところで，昼食をとるために立ち止まった．急いで昼食をとると，立ち上がって再び北に向かった．まっすぐに10マイル進んだのち，気がつくと朝の野営地に戻っていた．インディアン，嘘つかない！ ハイアワサは地球上のどこにいるのか．

124. がたがたテーブル

　いとこのマーベルが中庭に置く丸いテーブルをくれたが，それはがたついていた．調べてみると，テーブルには問題がないことが分かった．テーブルは平らな床の上に置けば，がたつくことはない．そして，その4本の脚の先端は完全な正方形を形作っていた．このテーブルを中庭に置くときに，向きを回転させて安定するようにできることを示せ．

125. マッチ棒でテトロミノ4個に分割

左の図のように，外側の境界が描かれた4×4のマスを考える．それぞれの辺がマッチ棒4本の長さになるように，この図形を描く．この図形にマッチ棒を置いて，面積が4の連結領域（すなわち，テトロミノ）4個に分割したい．たとえば，右の図はそのように分割する一つの自明な方法を示しているが，12本のマッチ棒を使う．そのような分割には，何本のマッチ棒を使う必要があるだろうか．

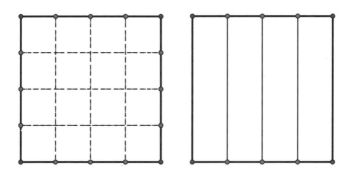

126. 常軌を逸する

パズル本を眺めていると，しばしばお馴染みの問題に遭遇するが，ときとしてその答えは見たことのないものである．通常，これは私の記憶違いか，あるいは問題がどこか微妙に変わっていることによる．しかしながら，次の問題は2冊の本でまったく同じでありながら，答えはかなり違っていた．

長さが1マイル（5280フィート）の線路のまん中を200フィート持ち上げると，その線路の両端はどれだけ近づくことになるだろうか．

ロバート・リプレーの *Mammoth Believe It or Not* (London, 1956)には「6インチ（0.5フィート）未満」と書かれていて，ジョナサン・

アルウェーの *More Puzzles to Puzzle You* (London, 1967) には「約15フィート」と書かれていた．

このどちらかが正しいとすると，それはどちらだろうか．間違ったほうの答えが正しくなるには，200フィートをいくらに変えればよいだろうか．

127. ニューヨークの斜塔？

ヴェラザノ＝ナローズ橋の2本の橋塔は，海面では1マイル離れていて，先端どうしは1マイルと1と5/8インチ離れている．この橋塔の海面からの高さはどれだけあるだろうか．

［必要であれば，地球の半径は4000マイルであると仮定してよい．］

128. 正方形の分割 (1)

紙ナプキンのような正方形の紙を1枚用意する．それを1回だけ直線に沿ってハサミで切って，等しい正方形4個に分割せよ．これができたならば，等しい三角形4個に分割するにはどのようにハサミを入れればよいかを考えよ．

129. 正方形の分割 (2)

1939年の *Morley Adams Puzzle Book* には，正方形を4個に分割してそれらを組み合わせると次のような形になるものを求めよという問題がある．

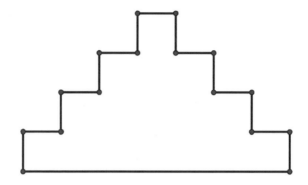

　正方形を2個に分割するだけでこの形を作るにはどうすればよいかを示せ．アダムスの解答を見ると，合同な4個の図形に分割するという意味であった．アダムスの意図したように正方形を分割することができるか．

130. ケーキの等分割

　ジェシカとその4人の友人は，小さな正方形のクリスマスケーキを分けようとしていた．クリスマスケーキの側面には上面と同じように砂糖をまぶしてあり，全員がケーキと同じくらい砂糖も好きでなければ問題にはならなかっただろう．平行に4回包丁を入れると，2人の取り分だけがほかの3人よりも砂糖が多くなってしまう．5人が大声で言い争い始めたので，ついには私が助け船を出すはめになった．さて，私はこのクリスマスケーキをうまく切ることができただろうか．

131. ボートの回収

　ジェシカと私はクラパム・コモンの円形の池でラジコンボートを操

縦する男性を見ていた．ラジコンボートは燃料を使い果たし，池の中心で止まってしまった．誰しも水に濡れるのは気がすすまない．さまざまな長さの棒とたくさんの軽い紐があるが，その棒を何本かつなぎ合わせても届かないくらいボートは遠くにあり，紐はボートまでを往復する以上の長さがあるものの，紐をボートに投げて引っ掛ける技術や力のある人もいない．風はなく，風が吹きそうな気配もないので，ボートが岸に流れ着きもしない．そのうえ，だんだん暗くなってきた．この池の水を抜くこともできない．どうやってボートを回収すればよいだろうか．

132. 堀の橋渡し

古くからある問題に，図に示したような正方形の島を中心とした正方形の堀に関するものがある．島と周りの陸地との間隔は1単位である．両側が鉛直の壁になっているこの堀を渡って島に行く歩道橋を作りたい．長さ L の厚板を何枚でも使うことができる．残念ながら，L

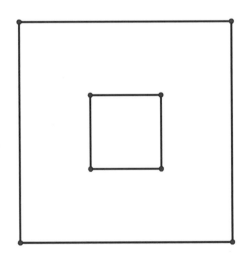

は1単位に数パーセント足りないので，その板を直接堀に渡すことはできない．どうすれば2枚の板でこの1単位の間隔に橋を渡すことができるだろうか．そのためには，Lはどれだけ大きくなければならないだろうか．

次に，堀は円形で中心に円形の島があると仮定しよう．この場合も堀の幅は1単位だが，答えは島の半径rによって変わる．$r=0$の場合と$r=1$の場合それぞれに，2枚の板で堀に橋をかけるためには，どれだけの長さの板が必要だろうか．

［おまけの問題：正の長さLの板が十分にあれば，堀に橋をかけることができることを示せ．］

133. 中心を求める

メモ帳と鉛筆を用意する．メモ帳の上に大きめの円形のものを置いて，その形状を鉛筆でなぞる．これで円が得られたが，その円の中心は分からない．どうすればこのメモ帳と鉛筆だけを使ってこの円の中心を見つけることができるだろうか．

134. 誤った切り方

1929年のパズル本には，幼いお針子が図のような正方形5個によるギリシア十字を切り取ったあとの5×5の生地の問題がある．

第9章 幾何パズル

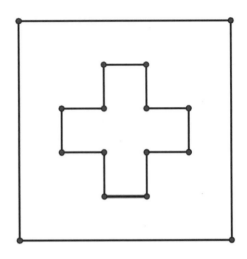

 お針子の母親は，この生地を二つの部分に切って張り合わせることで正方形にしたいと考えた．この本で示されている答えは，次のように切るというものであった．

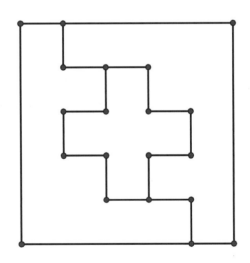

この解の何がよくないのだろうか．そして，この問題がよくない理由は何か．

135. 良くも悪くも

庭の物置に透明の薄いプラスチックの円筒があり，記憶によると，円周は 6 インチ，長さは 30 インチである．その円筒の内側，端から 6 インチのところにクモが住んでいることに気づいた．この円筒の外側にハエがとまったときには，このクモはすぐさま最短経路でハエのところに向かう．ある日，ハエがとまってクモが動き出し，それから動きを止めると向きを変え，また動きを止めると向きを変えることを繰り返すのを目撃した．ハエに向かう最短経路が 2 通りあり，そのどちらの経路を進むかをおろかなクモが判断できないことに問題があると私は気づいた．ハエはどこにとまったのであろうか．ハエは，クモにさらに多くの最短経路があるような位置にとまることができるだろうか．

136. お手上げ！

ビリヤード（プールやスヌーカー）の 15 個のボールが三角形状に配置されているのはご存知だろう．これは，ラックと呼ばれる三角形の枠を用いて配置される．角が丸く成形されたプラスチックのラックを買うこともできるが，簡単で安いラックは斜角をつけて切った薄い木材を釘でとめてある．ボールの半径が r で，木材の厚みが t ならば，安いラックの内側と外側の長さはそれぞれどれだけになるか．

137. ヤギとコンパス

ジェシカはオオナゾ村にいる友人のビルを訪ねていた．ビルの家族はヤギを飼っていて，通常ヤギがどこかへ行ってしまわないように紐でつないでおかなければならない．広い野原の中ほどに長方形状の納屋があり，ビルの父親はその納屋の周りの草をヤギに食べてもらいたかったので，ヤギをつないだ紐の長さをその納屋の外周の半分に調整した．「こうすれば，ヤギは，片側から半分と反対側から残りの半分で，物置のまわりの草をすべて食べることができる．君たち，物置のそばに杭を打ってきてくれないか．ただし，ヤギができるだけ多くの土地の草を食べられるように気をつけてほしい．」ビルとジェシカはブツブツと言いながら納屋に向かった．「どこに杭を打ったって何も変わりはしないよね．」「そうかしら，対称性を考えると，中央に杭を打つのがよさそう．」「おそらくね．長辺と短辺のどちらの中点だろう．」「それとも納屋の角に打つべきかも．」「うーん，でもどの角だろう．」納屋に着くまでの間に，二人は混乱してしまい鉛筆と紙とコンパスをとりに戻らなければならなくなった．二人は何枚もの図を描き数多くの計算を走り書きしたあとで，納屋をどけたほうがどれほど簡単かと言いきった．彼らを助けてあげられるだろうか．

138. 軍事教練

何年か前に，ロシアの問題集に次のような問題を見つけた．平面上に4点が与えられたとき，4辺（またはその延長）それぞれが与えられた4点を通るような正方形を見つけよ（実際に作図せよ）．同時期に，同僚のイワン・モスコヴィッチはある人から同じ問題を聞いたと教えてくれた．その人は，何年もの間その問題を解こうとしていた．私の拙い記憶によれば，20年もの間解こうしているということだった．こ

の問題を同僚のオリバー・プレツェルに話したところ，プレツェルはかなり複雑な解を見つけた．しかし，ロシアの問題集にあった解答は短い文章で説明されていた．その短い解を見つけることができるだろうか．

139. ユークリッドの幻影 ─────────────

ある夜，ジェシカとビルは通りを歩いていて，街灯の下を通過するときに自分たちの頭の影に飛び乗った．これを何度か繰り返したあとで，ジェシカは，街灯の真下で影の頭，あるいは，頭の影に追いつけるだけだと指摘した．「なぜなら，その影は素早く逃げるし，私たちが街灯から遠ざかるにつれて，どんどん速くなるからよ．」ビルは立ち止まって歩道に三角形を描きはじめ，こう言った．「ちょっとまって，影がどれだけ速く逃げるか答えを出さないとね．」すぐにビルは複雑すぎると言って諦めたが，家に帰り着いたとき，ビルはジェシカが正しかったかどうか，そして影の頭はどれくらいの速さで動くのかと私に尋ねた．

140. マッチ棒の正方形 ─────────────

マッチ棒4本で正方形を作ることは簡単だし，同じようにマッチ棒7本で2個の正方形を作ることも簡単である．しかし，マッチ棒6本だけで2個の正方形を作ることができるだろうか．2個の正方形は同じ大きさでなければならず，マッチ棒を曲げたり折ったりしてはならないし，マッチ棒どうしが重なることも許されない．

141. 正方形の分割 (3)

ここまでにいくつかの巧妙な裁ち合わせ問題を見てきた．次の問題はコロラドに住む有名なパズル作家であるダグラス・エンゲルの作品の中に見つけた新問である．

正方形にハサミを1回入れるだけで，いくつかの部品に切り分けて，それらで3個の合同な三角形を作れ．

巧妙な切り方が不可欠ではあるが，読者もよく使う手にちがいない．

142. 正三角形の分割

ダグラス・エンゲルは次のような問題も出題した．正三角形にハサミを3回入れて3個の合同な正三角形を作れ．

143. 三平方を作れ

多くの読者はたくさんのマッチ棒パズルを知っているだろうが，これは私が考案したパズルである．

マッチ棒9本を使って三平方を作れ．いつものように，マッチ棒は曲げたり折ったりしてはならないし，すべて同じ長さである．また，9本すべてを使わなければならない．

ヒント：何通りかの答えがあり，そのうちのあるものはほかの答えより合理的である．

第10章

地形の問題

　私たちはほぼ球形の地球に住んでいるので，特殊な状況が数多くある．そこから直接問題が作れたり，もしくは関連する時間測定の話題から問題が作れたりする．そのうちのいくつかを紹介しよう．

144. 光陰矢の如し ───────────

　ニューヨークからロサンゼルスまでを時速約700マイルで飛ぶと，地球の回転と相殺して，出発したときと同じ時刻に到着する．たとえば，今はなきコンコルドでそれよりも速く飛べば，ニューヨークを出発した時刻よりも早い時刻にロサンゼルスに到着する．これを，地球を一周するところまで続けたと仮定する．すると，ニューヨークには，出発した時刻よりも前の時刻に帰ってくるように思われる．この考え方の何がいけないのだろうか．

145. サムの不動産 ───────────

　地元の不動産屋であるスリック・サムは，シンプル・サイモンに土地を売ろうとしていた．「地図のここを見てください．3点 A, B, C を結ぶ三角形の整地された区画です」
　「しかし，どれほどの大きさだ？」とサイモンは尋ねた．

「そうですね，測量しましたが，測量技師が古風[訳注8]なのはさておき，ちょっと変わり者でしてね．最初の測量技師はAからBまでの距離を提出しましたが，C経由の距離だったんです．彼はその距離を1と3/4ハロンだと言いました．2番目の測量技師はAからBを経由してCまでの距離が27と1/2チェーンだと報告しました．当然，私はこの混乱状態を整理するために3番目の測量技師を派遣しなければなりませんでした．しかし，その測量技師は電話をかけてきただけで，BからCを経由してAまでの距離が100ロッドだと言いました．このあたりの土地は1エーカーあたり10,000ポンドで売っていますので，これが10,000ポンドの掘り出し物だということを分かっていただけたでしょう」

買うべきかどうかサイモンが決めるのを助けてあげられるだろうか．

146. 地球平面説

風変わりなチャールズ・フォートは，奇妙なもの，とくに正体不明なものの蒐集家であった．彼は，著書 *New Lands* において，1870年にジョン・ハンプデンという人が，ベドフォード運河の6マイルの直線部分を測量して地球が平らであることを証明しようとしたと報告している．フォートは，運河の反対側の端が8に6の2乗を掛けた「288インチ沈下していなければならない」と述べている．これは正しいだろうか．（地球の半径を4000マイルとして考えよ．）

[訳注8] ハロン，チェーン，ロッドはいずれも英国で古くから使われている長さの単位で，1ハロンは220ヤード，1チェーンは22ヤード，1ロッドは5.5ヤードである．

147. 丸1日続く日の出

 ジェシカは，のっぽのストレイおじさんが，ランゲルハンス島を訪れたり，消化管を探検するといったいくつもの愉快な冒険を語るのに耳を傾けていた．

 「これまでに見た中でもっとも奇妙なものに」とおじさんは言った．「丸1日続く日の出がある」

 「ちょっとまって」とジェシカは言った．「もう一度，言って」

 「そう，それは24時間続く日の出といったほうがいいかもしれん．操縦士とわしは朝早く起きて，日の出とともに西に向かい，日の出を背負いながら時速400マイルの一定速度で飛んだ．わしらの背後で太陽はずっと日の出のままだったのには，かなりびっくりした．24時間後に飛行場に戻ってきて着陸したときに，太陽は昇りきったのじゃ」

 「ばかげてるわ，いつものことだけど」とジェシカは言った．

 「それはどうかな，お嬢さんや．ときには真実を語ることもあるさ．実際には，同じやり方で東に向かって飛んだときにも面白いことが起こるんだがね」

 おじさんが真実を述べているということはありえるだろうか．もしそれが真実であれば，おじさんは地球上のどこにいたのか．そして，東に向かって飛んだときには何が起こっただろうか．

148. 突拍子もない話

 のっぽのストレイおじさんが時速400マイルで飛んで，どのようにしてずっと日の出を背負いながら24時間で世界一周したかという説明に，ジェシカはいたく感動した．何日か図を描いたのちに，ジェシカは戻ってきてこう言った．「もしその2倍の速さで世界一周したとしたら，もっとすごい景色が見られたことでしょうね．」おじさんが

その飛行機はそれ以上早く飛べないと答えると,ジェシカはこう言った.「あらそう,でも,極点からの距離が半分のところで世界一周すれば,時速400マイルでも同じものを見ることになったでしょ」ストレイおじさんはあまり幾何学が得意ではなかったので,どんな景色を見ることになったか見当がつかなかった.おじさんを手助けして,彼が何を見ることになったか,そして,どこであれば時速400マイルでも同じ結果を見ることができたか教えてあげられるだろうか.

149. 一望できる場所

1949年の代数の本には,驚くほど単純な答えのある次のような問題がある.

地球の表面の1/3を見るためには,地上からどれだけ上昇しなければならないだろうか.

言うまでもなく地球を球形だと仮定するが,アルキメデスの真に驚くべき結果を知っている(あるいは思い出す)必要があるだろう.それは,球を切断する平行な2枚の平面に挟まれた球の表面(球帯)の面積は,その2枚の平面の距離に比例し,どこで球を切るかによらないというものだ.たとえば,球の半径だけ離れた2枚の平面で球を切ると,その2枚の平面は球の表面の半分を取り囲む.

150. 丸1日を失う方法

のっぽのストレイおじさんが,その身に起きた不可能なことをしばしばジェシカに語っていたのを覚えているだろうか.つい最近も,おじさんは訪ねてきて,彼の過ごしたもっとも奇妙な日は彼が過ごさなかった日だと言って,完全にジェシカを混乱させた.もっと詳しく教

えてほしいと頼まれたおじさんはこう言った.「そう,実際にはある月の4日目から6日目に一瞬で移ったので,その月の5日目をすっとばした.もしその5日目が私の誕生日だったら,なんと不運だったことだろう.しかし,6日目が誕生日だったので,私はほかの年よりも1日早く誕生日を迎えた.さて,私はどこにいたのかわかるかな.」しばらくの間ジェシカは頭をひねっていたが,こう尋ねた.「また北極か南極にいたの?」「はずれ.」最終的にはジェシカは答えを見つけたが,読者ならあっという間に解けるだろう.

第11章

日付の問題

計時は（日や年などの）大きなスケールでも小さなスケールでも行われる．大きなスケールの計時は，問題150やこの章の問題が示すように地球と密接に関係していて，地形と何らかの結びつきがある．

151. ハカりしれない誤解？

ソールズベリー大聖堂は荘厳な英国建築の一つである．その中を散策しているとき，私は内陣の北側廊で次のような墓石碑に遭遇した．

この墓石碑には次のような驚くべき銘が彫られていた．

H S E

te body of Tho

te sonn of Tho.

Lambert gent

who was borne

May y 13 An. Do.

1683 & dyed Feb

19 the same year.

（HSEは，ラテン語の'Hic Sepultus Est（ここに埋葬される）'の省略である．）案内書にはこの墓の説明があり，少しばかりの下手な詩も引用されていた．「生まれる3か月前に亡くなったトーマス・ランバートはすべての者に悼まれんことを．」この奇妙な状況を説明せよ．

152. 何年になんねん？

直ちに答えよ，今（2016年）から2100年前は何年か．

153. 短い世紀

この問題を解こうとしている読者ならば，西暦0年はないので，21世紀は2001年1月1日になるまで始まらないことを知っているだろう．しかし，21世紀は20世紀より短いことを知っているだろうか．そして，その理由は．

154. 珍しい日付

ジェシカと友人のサラは1992年のカレンダーを見ていて，サラは1992年2月には土曜日が5回あるという事実に考え込んだ．そこで，ジェシカはこれが再び起こるのはいつか知りたいと思ったが，それが分かるほど十分先までのカレンダーを見つけることができなかった．二人を助けてあげられるだろうか．

155. 不運な年

ジェシカの歴史の本には，大恐慌は実際には1930年に始まったと書かれていた．ジェシカはちょうど算数の宿題を終えて歴史のノートに目を通していたが，そこにある数を使って遊んでいた．しばらく考えたあとで，ジェシカは大声で言った．「そうだわ，この数字を足し合わせると13になるから，不運な年だったのね．」ジェシカはこれを友人のビルに教えると，ビルはこう言った．「ヤバいね．次の不運な年に備えておかないと．次はいつ？」それを見つけるのにそう長くはかからなかったが，次の不運な年まではとても間隔があいていることが分かった．この千年紀についてあれこれ考えたあげく，二人はこの千年紀が次の千年紀や前の千年紀に比べて何か特別なことがあるのか知りたいと考えた．この不運な年の最大の間隔が大きいのか小さいのか，そして，この千年紀や前後の千年紀にはもっと不運な年があるのかどうかを知りたかった．二人はそれを調べるのに苦労していたので，私は最初の10回分（すなわち西暦10,001年まで）の千年紀それぞれについて調べるのを手助けした．これをうまく調べることができるだろうか．不運な年は，どの千年紀がもっとも多く，どの千年紀がもっとも少ないだろうか．不運な年の間隔が最大および最小になるのはいつだろうか．

156. 長い月 (1)

　一年のうちでもっとも長い月はどれだろうか．これには2通りの答えがあるが，その一方はこじつけである．もう一方は，あなたがどこにいるかによって異なる．

157. 月の長さ

　ジョン・コンウェイは，かつて月の長さには何通りあるかという問題を出した．これには2通りの答えがあるが，実時間解としてはさらに多くの答えがある．

158. 双子の時間

　同じ時に生まれ同じ時に亡くなった双子が相異なる日数を過ごすということは起こりうるだろうか．

159. 長い月 (2)

　何問か前に，もっとも長い月を求めよという問題を出題した．文字数に関しては9月がもっとも長いが，時間にすると10月が31日1時間でもっとも長い．なぜなら，通常は10月の最後の週末に夏時間から通常時間への切り換えがあるからである．ただし，国によっては違いがあるかもしれない．

　英国サマセット州ヨーヴィルの読者ジョン・ボルトンは，視点を変える気さえあれば，さらに長い月を許すようなアイディアを送ってくれた．それを見つけることができるだろうか．

第12章

時計の問題

時計の問題は，1660年前後に時計に分針がつき始めたときにまで遡り，1700年にはかなり一般的になった．私の見た中でもっとも古い時計の問題は1678年のものである．

160. 時計を見よ

時計の針に関する多くの問題のうち，すでにいくつかは解いたことがあるだろう．典型的な問題には，針がいつ重なるか，いつ一直線になるか，いつ交換しても変わらない位置になるかなどがある．しかしながら，3種類の針すべてに関する問題はそれほど多く見ていないように思われる．ご存知のように，短い1本目は時針，2本目は分針，3本目は秒針と呼ばれる．この3種類の針をまったく区別できないとしても，これらの針が互いに等しい角度をなすようなことが起こりうるかどうか分かるだろうか．

161. 三つの時計

数学パズルは奇妙な状況と風変わりな現象に満ち溢れている．そのようなパズルを翻訳するためには，翻訳者はそれが何についてのパズルであるかを理解する必要がある．翻訳者が直訳すると，さらにおか

しな影響が生じるかもしれない．キルシュとコルンによるドイツ語の本にある3個の時計の問題が *Number Games* として翻訳されたのを見つけた．午前0時に，3個の時計が同時に鐘を鳴らした．3個のうちの一つは正しい時刻を刻んでいたが，もう一つは「常に10分進んで」いて，残りの一つは「常に10分遅れて」いた．あきらかに，これは勘違いして問題を翻訳している．なぜなら，正しい時を刻む時計が午前0時を知らせる時に，10分進んでいる時計が午前0時を知らせることは起こりえないからである．これは，あきらかに速い時計は毎日10分進み，遅い時計は毎日10分遅れるということを意図している．それでは，この3個の時計が再び同時に12時を知らせるのはいつか．

実際，このパズルの答えもまた紛らわしい．その答えは，速い時計と普通の時計が再び同時に12時を知らせるのは72日後であると述べている．（1日に10分は，1日に1/6時間であるから，$6 \times 12 = 72$日で12時間進む．72日後には，普通の時計は午前0時であると考えているが，速い時計はそのときを翌日の正午と考えている．）しかし，それに続けて，この答えは遅い時計と普通の時計が再び同時に12時を知らせるのは60日後であると述べている．そして，72と60の最小公倍数をとって，360を答えとしている．この解答の意味を理解できるか．

162. 小町日時 ─────────────

日時を表記する一つのやり方に，月，日，時，分，秒をそれぞれ2個の数字を使って MM:DD:HH:MM:SS のように表すものがある．日本のパズル仲間である故芦ヶ原伸之（ノブ）[『Puzzlart：パズルの回帰線』，波書房，1993] は小町日時，すなわち10種類の数字をすべて使ったこのような表記を求めよという問題を出題した．しかしながら，ノブは先頭の M が0であることを前提として残りの数字はすべ

て正の数字であるようなものを求めた．ノブは，そのような日時が何通りあるか，そして1年のうちで最初と最後のものはどれかと問うた．ほかにも多くの場合があるようなので，なぜノブが最初の数字を0に限定したのかを知りたいと思った．ノブの出題に答えることができるだろうか．そして，最初の数字を0に限定しない一般の場合を考えて，何通りの解があるか求められるだろうか．その答えを計算するのは簡単なので，これを先に解いたほうがいいかもしれないが，そうであることを論理的に示すことができるか．

163. とても変な時計

しばらく前に，運転していて車の時計が 6:59 を示していることに気づいた．少したってからよく見ると，その時計は 5:01 を示していた．どうしてこんなことが起きたのだろうか．

164. 上下逆さの時刻

寝室のベッドの脇にある小さなテーブルに標準的なデジタル時計がある．このデジタル時計は3本の横棒と4本の縦棒を使って数字を表す標準的な「7セグメント表示」であり，24時間制を使っている．このテーブルの位置を変えたとき，この時計が上下逆になってしまった．このとき，その時計は正しい時刻を示しているように見えることに気づいた．このようなことになるのは何時何分だろうか．

165. 裏返しの時刻

寝室のベッドの脇にある小さなテーブルに標準的なデジタル時計がある．このデジタル時計は3本の横棒と4本の縦棒を使って数字を表

す標準的な「7セグメント表示」であり，24時間制を使っている．このテーブルの位置を変えたとき，この時計が鏡のほうを向いてしまった．それを見たときには，鏡に映った時計が正しい時刻を示しているように見えた．このようなことになるのは何時何分だろうか．

第13章

物理の問題

166. ペチャンコのハエ

2台の機関車が100マイル離れた地点からまっすぐの線路を互いに向かって進んでいる．一方の機関車は時速60マイル，もう一方の機関車は時速40マイルで進んでいる．1台目の機関車の先頭から飛び立ったハエは2台目の機関車まで飛んだら，そこで折り返して1台目に戻り，また，折り返して2台目に向かうことを繰り返す．最終的には，悲惨にも機関車は衝突し，ハエはペチャンコになる．ハエが時速50マイルで飛ぶとすると，ペチャンコになるまでにどれだけの距離を飛ぶか．

167. グルッと一回り

最近，1925年の書籍に次のような問題を見つけた．驚くべきことに，数値はまったく与えられていないが，ある値を決めるように求められている．

自転車に乗った人と走る人が競技トラックを周回すべく同時に出発する．自転車に乗った人は，一周したのち周回遅れの走っている人に追いつく．それから自転車に乗った人はすぐさま向きを変えて，出発点に向かい，そこでちょうど走ってきた人と出会う．このとき，両者の速さの比を求めよ．

168. 太平洋航路

ロサンゼルスからホノルルまでの航路距離は 2260 カイリである．ロサンゼルスから出発した船が，毎時 1 ノット（＝時速 1 カイリ）のペースで進む．この船がホノルルに着くまでにどれだけの時間がかかるか．

169. 月の重力

月面での重力は地球上のほぼ 1/6 である．空気抵抗を無視すると，学校で習う物理学を使って，初期位置 s_0 で上向き速度 v_0 から自由落下する物体の時刻 t における位置 $s = s(t)$ は，

$$s = -\frac{1}{2}gt^2 + v_0 t + s_0$$

で与えられ，そのときの速度は

$$v = -gt + v_0$$

になる．三角関数を使って少し計算すると，銃を仰角 45° で発射したときに最大射程となることが示せる．このとき，弾丸の水平方向の速度と鉛直方向の速度は $v_0/\sqrt{2}$ で等しくなり，これは槍投げにも当てはまる．

空気抵抗を無視すると，月面上で正しいのは次のうちのどれだろうか．

(A) 真上に投げ上げたボールは地球上の 6 倍の高さまで届く．
(B) 同じボールは地上に戻ってくるまでに地球上の 6 倍の時間がかかる．
(C) 井戸に落とした石が底に達するまでに地球上の 6 倍の時間がかかる．

(D) 水平に発射された弾丸は地球上の6倍の距離まで届く．
(E) 銃の最大射程は地球上の6倍になる．また，槍投げは地球上の6倍遠くまで届く．

これらの問題では，いずれも投射物は地球上と同じ初速が与えられるものとする．投射物は十分地表の近くにあり，g は一定であると仮定する．

170. どちらが重い？

古くからある次のなぞなぞは誰でも知っているだろう．「羽毛1ポンドと金1ポンド，どちらが重いか．」もちろん，羽毛の1常衡ポンドは16オンスであり，金の1トロイポンドは12オンスなので，羽毛のほうが重い．（ちなみに，このトロイは古代の都市とは無関係で，中世に大きな市場のあったフランスの都市トロアに由来する．）したがって，羽毛1ポンドは，金1ポンドの $4/3 = 1.333\cdots$ 倍の重さだと考える．しかし，これでも正しくない．なぜなら，常衡オンスとトロイオンスは同じではないからである．トロイオンスを共通の単位にするためには，480グレーン[訳注9] で換算しなければならない．12トロイポンドは5760グレーンだが，12常衡ポンドは7000グレーンである．したがって，羽毛1ポンドは，金1ポンドの $7000/5760 = 175/144 = 1.2152777\cdots$ 倍の重さになりそうだ．世界の大部分でこの計量単位系を採用していることは不思議ではないだろうか．それでは，1キログラムの分銅と天秤を使って，羽毛1キログラムと金1キログラムを量り分けよう．このとき，どちらが重いだろうか．

[訳注9] 1グレーンは約 0.065 グラム．

171. 鉄道車両の不思議

車好きならば，後輪駆動の自動車には両輪が異なる速さで回るように差動歯車が装備されていることは知っているだろう．車が曲がるためには，これが必要不可欠である．なぜなら内側の車輪より外側の車輪のほうが大きな半径の円に沿って移動するので，長い距離を進み回転数が多いからである．しかし，鉄道車両は剛性車軸であり，車軸の両端に車輪がしっかりと固定されている．では，鉄道車両はどのようにしてカーブを曲がるのだろうか．

172. 円柱つるまき線

円柱つるまき線とは，通常のバネやネジ山のような，円柱の側面上にある螺旋である．柱状つるまき線には，左巻きと右巻きの2種類がある．左巻きをひっくり返す（両端を逆にする）と，右巻きになるだろうか．できるだけやさしく説明してほしい．

173. 試験コース

燃料の経済性を調べるために特別な試験コースが作られた．そのコースには，平坦な区間が1マイルあり，それから上り坂が1マイル，再び平坦な区間が1マイル，そして，下り坂が1マイルある．コースはこの繰り返しであるが，次はそれぞれの区間が2マイル，その次はそれぞれの区間が3マイルというように続いて，全長が60マイルに達したところで出発点に戻る．平坦な区間では時速40マイル，上り坂では時速30マイル，下り坂では時速60マイルで走ると，燃費効率が最適になることが分かった．この速度で走るときに，このコースを一周するのにどれだけの時間がかかるだろうか．

174. 最小の鏡

ジェシカは鏡に映った新しいジーンズを履いた自分にほれぼれしていた．ジェシカは鏡が小さくて全身を一度に映すことができないので苛立っていた．今，ジェシカは5フィート6インチなので，少なくともその高さの鏡を買ってほしいと私にねだった．彼女の頭とつま先を一度に映すことのできる最小の鏡の高さと，そのように自分を映すためには鏡からどれだけ離れて立たなければならないかをジェシカが教えてくれたら，私はそれに十分な高さの鏡を買ってあげると言った．ジェシカはそれを解こうとして困っている．ジェシカを助けてあげられるだろうか．

［最小の鏡の幅も求められるか．］

175. 3枚の鏡

あちらこちらの科学センターでは，3枚の鏡で作った角を見ることができる．これは，3枚の正方形の鏡の辺どうしを直角に合わせて部屋の隅のようにしたものである．このように鏡を組み合わせると，これに入射する光線はそれに平行に跳ね返ってくるという驚くべき性質がある．こうした鏡は測量に使われていて，これを並べたものを月に設置して月までの距離を計測するのに使われた．

鏡が十分に大きければ，すなわち部屋の床と隣接する二つの壁が鏡ならば，あなた自身の像はいくつ見えるだろうか．3枚の鏡が集まる部屋の隅を見たとき，何が見えるだろうか．

176. 追い越しとすれ違い

ジェシカと友人のステラは慈善事業の寄付を集めるために学校の一

周1マイルのトラックを1時間走っている．平均速度を保てば，ジェシカは1時間の間にステラに2回追い越し，最後にまたステラに追いつくことに気づいた．ステラはこう言った．「でも，私が逆まわりに走ったら，1時間の間にあなたと10回すれ違い，最後にまたもう1回出会うわね．」二人はどれほどの速さで走っているのか．

177. すれ違う列車

ロンドンからニューキャッスルに向かう夜更けの旅客列車は，ニューキャッスルからロンドンに向かう早朝の貨物列車と同じ時刻に出発する．その路線はガラガラなので，それぞれの列車は一定の速度を保って全行程を走行する．両者がすれ違うとき，運転士は互いに手を振る．彼らはあとでそのときの経過を比較した．旅客列車の運転士は，すれ違ったあとニューキャッスルに着くまでにちょうど1時間かかったと言った．貨物列車の運転士は，すれ違ったあとロンドンに着くまでにちょうど4時間かかったと言った．旅客列車は貨物列車とすれ違ったとき，全行程のうちのどれだけを走り終えていたのか．そして，それぞれの列車はその全行程にどれだけの時間がかかっただろうか．

178. 閘室に浮かぶはしけ

屑鉄の積み込まれたはしけが，運河の水のもれない閘室[訳注10]に浮かんでいる．知力より腕力のありそうな何人かの荒くれ者が船上にある鉄をすべて閘室に投げ込んだ．閘室の水位はどうなるだろうか．

[訳注10] 水位差のある運河で船舶を航行させるために前後の扉を開閉して水面の高さを調整する区画．

この問題は，何十年も前からあるが，はしけについて問うのを見たことがない．あきらかに，はしけは前に比べて水面より上に出ている部分が増えているが，閘室の底からの高さは上昇しているだろうか．

179. 弾むボール

ジェシカと友人のジョルジャは学校の物理実験室で実験をしていた．よく弾むゴムボールを使うと，落とされた高さの半分まで弾むことが分かっている．二人は，次に弾む高さはもとの高さの1/4まで弾み，というようにどこまでも続くと考えた．そこで，ジェシカはこう言った．「ボールがこのように弾み続けるとしたら，無限回弾むことになるわ．」ジョルジャはこれをどう考えればよいか困ってしまった．「もしそれが本当だとしたら，永遠に弾み続けなければならないわ．」二人ともそうなるとは思っていなかったが，この考え方の何が悪いのか分からなかった．二人を助けてあげられるだろうか．

180. 月を飛び越える

ディック・フォスベリーはメキシコ・オリンピックで7フィート $4\frac{1}{2}$ インチを跳んだ．月の重力が地球の重力のちょうど6分の1であると仮定すると，フォスベリーは月面ではどれだけ高く跳べるだろうか．これは簡単で，ほとんどの人が答えは7フィート $4\frac{1}{2}$ インチの6倍，すなわち44フィート3インチだと考える．実際，1970年の *Third BBCTV Top of the Form Quiz Book* にこの答えがあるのを最近見つけた．しかし，それは正解には程遠い．その理由が分かるだろうか．そして，もっとよい答えを求められるだろうか．

181. 2枚の鏡

多くの人は部屋の角に置かれた二面鏡を見たことがあるだろう．この2枚の鏡が直角になっていれば，その角に正真正銘の裏返った像が見える．すなわち，右手を上げると鏡の中の向かって左側の手が上がる．鏡の後ろ側に立ってこちらを向いたとしたら，この像のようになるだろう．したがって，鏡の中で上げられた手はその人の像の右手だと考えるかもしれない．しかしながら，私の問題は少し違ったものである．その鏡の角を見ると，鏡と鏡の継目のせいで見えない部分がいくらかあることを除いて，自分自身の全体像が見える．この見えない部分は，鏡の中の像の真ん中を縦に走る直線状になる．それでは片目をつぶったら何が見えるだろうか．つぎに，もう一方の眼だけに切り換えてみてほしい．

182. 頭を使った重量挙げ

ある重量挙げ選手は500 kgを床から持ち上げることができる．彼は，これよりもわずかに重いものを持ち上げなければならない．そこで，その重りの上方に単純な滑車装置を取り付けた．この滑車装置には2個の滑車がある．一方の滑車は天井の梁に取り付けられている．ロープをその滑車に通してから下のほうにあるもう一つの滑車にかけ，その終端は天井の梁に取り付けられた滑車の中心につけられている．下のほうにある滑車の中心には重りがつけられている．これで，機械的倍率が2になることはすぐに分かる．この装置を使ってこの選手が持ち上げることのできる最大重量はどれだけか．

参考文献

Alan Ward; *Simple Science Puzzles*; [From Science Activities, US,

1970–1973]; Batsford, 1975, pp. 25 & 27.

第14章

組合せの問題

　組合せ問題のいくつかは古代からあるが，組合せ論が興味深く有用な数学の分野だと認識されたのは，おおよそ1940年以降である．私が学生であった1960年代には，組合せ論の教科書は一握りしかなかった．今や，この分野には何百冊もの書籍と何十冊もの専門誌があり，計算機科学の重要な一部として認識もされている．

　組合せ論は基本的に「何通りあるか」を問う．2個（またはn個）のさいころ（またはコイン）を投げると何通りの場合があるか．ある道路網を通る経路は何通りあるか．迷路を抜け出す道筋は何通りあるか．競技会の対戦の組み方は何通りあるか．答えにはいくつものレベルがある．ある問題では，その答えがゼロか正のどちらであるかだけを知りたい．答えが正になるような問題では，「何通り」の解があるかと問うことができる．あるいは，その解をどのようにして見つけたり記述したりできるかと問うこともできる．とくに，無限に多くの解があるときには，このように問うことになる．これまでに，解が何通りあるか知りたいような問題を数多く見てきたし，解をすべて求めるような問題もいくつかあった．この章にあるのは，そのような組合せ問題から精選したものである．

183. 中庭の小路の敷石

自宅には中庭に至る幅2フィート，長さ10フィートの小路がある．私は，1フィート×2フィートの舗装板を10枚買った．この舗装板を中庭への小路に敷くとき，何通りの敷き方があるだろうか．たとえば，小路の長さが2フィートしかなかったら，2枚の舗装板を縦に並べる敷き方と横に並べる敷き方の2通りがある．

184. 立方体の半分

何年か前に，ルービックキューブが流行したとき，トグというドイツの会社がさまざまな配色で$2\times2\times2$の立方体を作った．もっとも単純なのは，赤い小立方体4個と青い小立方体4個からなる．広告媒体には，70通りのパターンがあると書かれていた．これは，$2\times2\times2$に並んだ8個の小立方体の中から4個を選ぶ方法は$8!/4!4! = 70$通りあるという事実に基づいている．しかしながら，実際にはこれらの選び方がすべて異なるわけではない．そのような選び方の一つに下半分を赤にして上半分を青にするものがあるが，これは実際には立方体の6通りの半分のうちの一つを赤にするのと同じである．すなわち，同じ配色パターンを与えるような選び方が6通りある．それでは，実際に異なる配色パターンは何通りあるだろうか．

185. 立体ドミノ牌

3×3のチェス盤と，その盤の隣り合う2個のマスを覆うドミノ牌を考える．あきらかに，ドミノ牌ではこの盤の9個のマスすべてを覆うことはできないが，中央のマスを除けばこの盤を覆うことは簡単である．それでは，$3\times3\times3$に並んだ小立方体と「立体ドミノ牌」，す

なわち隣り合う2個の小立方体を覆うブロックを考えよう．この場合も立体ドミノ牌では 27 個の小立方体すべてを覆うことはできないが，中心にある小立方体を除けば残りの 26 個の小立方体を立体ドミノ牌で覆うことができるだろうか．

186. がんじがらめ

ハリー・ザ・ホースとビッグ・ジュール[訳注11]が3頭の馬のレースについて言い争っていた．ハリーは，そのレースの結果はAかBかCが勝つという3通りだと言った．しかし，ジュールは，どの馬が2着になるかが重要であり，したがってレースの結果は6通りあると反論した．ハリーはこれに異論はないようだったが，しばらくしてこう言った．「同着はどうするんだ．」ハリーとジュールは結果が何通りあるかを求めようとしたが，得られた答えが正しいかどうか自信がなかった．同着を許すときに何通りの結果があるか分かるだろうか．これが簡単すぎるなら4頭の馬のレースの結果が何通りあるかを求めてほしい．

187. サイコロの目

ある日，ジェシカはモノポリーで遊んでいたが，サイコロが見つからなかったので私の雑多な蒐集品からいくつかを借りていった．ジェシカは，数字の書かれたサイコロよりも目によって数を表したサイコロを選んだ．なぜなら，横を向いていたり上下が逆になっていたりすると数を読み取りづらいからである．しばらくして，ジェシカはこう言った．「そのサイコロはちょっと違うわね」

[訳注11] いずれもミュージカル『ガイズ＆ドールズ』に登場する賭博師．

「ああ，そうだよ」と私は答えた．「大きいほうは青色で，小さいほうは赤色だ」

「違うわ，そんなあたりまえのことじゃなくて，本当に違うんだって」

「そうかもしれん．標準的な目の配置では相対する面を足し合わせると7になるが，このサイコロの一方の目の配置は標準的ではないんだろう」

「そうじゃないわ．反対側の面を足し合わせるとどれも7になるわ」

「ほかの可能性としては，一方がもう一方の鏡像になっているのかもしれない」

「それは思いつかなかったわ．でも，それでもないの．違うように違っているのよ．いくつかの数がさいころの違う向きに描かれているの．こっちのサイコロでは3の目がこの角に向かって並んでいるけど，こっちのサイコロでは3の目がほかの角に向かって並んでいるの」

標準的なサイコロには何通りの異なる目の配置がありうるだろうか．

188. 数を数える

英国人は，家に番地を掲げることに気をつかう．たぶんその理由は，本当に訪問者を望んではいないし，おそらくまだ外敵の侵入に備えているからだろう．オオナゾ村に小さな別荘を買ったとき，以前の持ち主は番地を掲げていなかった．その番地は123であった．そこで，門柱につける見栄えのする数を入手するために金物屋に行った．

金物屋の主人であるハマー氏は，私を見るとこう言った．「あなたがパズル好きだというのは知ってるよ．そこで，1, 2, 3を使って作ることのできる数は15通りあるから，1個の数の15倍の代金をもらうべきだと思う．しかし，0から9までの10個の数字を使って作るこ

とのできる数が何通りあるか言えたら，123は通常の代金にしてあげよう」

ハマー氏の問題を解くことができるだろうか．

189. 賽は投げられた

ビッグ・ジュールは，またしてもネイサン・デトロイトとクラップスで勝負するために自分でサイコロを買っていた．今度は，完全にまっとうなサイコロである．しかしながら，ビッグ・ジュールは自分でテーブルも買っていた．それがどんなテーブルであるかは見るまで信じられないだろう．そのテーブルは小さな立方体の角の形をした刻み目によってデコボコしていて，サイコロが一つの面を上にして止まることはない．サイコロは必ずその角がデコボコの一つに収まって反対側の角が上を向く．それは実際には問題ではないとビッグ・ジュールは言う．単に見えている3面の和をとればよい．どうだ．そしてビッグ・ジュールがいいと言えばいいと言うしかない．

ビッグ・ジュールのテーブルで1個のサイコロを振ると，どんな値が出るだろうか．クラップスでは，2個のサイコロの目の和をとらなければならない．ビッグ・ジュールのテーブルを使ってクラップスをすると，どんな値が出るだろうか．普通のテーブルでは，2個のサイコロの和の確率は（値が7のときの）最大値まで線形に増加し，そこから線形に減少する．ビッグ・ジュールのテーブルでも同じことが起こるだろうか．

190. 女王バチの家系

どこにでもいるミツバチは，非常に珍しい性生活をおくっている．女王蜂は，雄バチになる未受精卵をまず産む．その後，女王蜂は雌に

なる受精卵を産む．この雌は食べ物によって働き蜂か女王蜂になる．その結果として，雄には父親はおらず母親だけであり，雌には両親がいる．性別で分類すると女王バチの10世代前の先祖は何匹ずついるだろうか．

191. 川渡り

オオカミやヤギと一緒にキャベツをもった農夫が彼のほかには一つしか運べない小舟で川を渡ろうとする問題は，誰でも知っているだろう．このような問題が最初に現れるのは，ヨークのアルクインによるものとされる9世紀の *Propositions for Sharpening Youths* と題された手稿集である．この問題を拡張するさまざまな試みがなされてきた．16世紀のある問題では，犬，オオカミ，ヤギ，馬の4匹（全員が船を漕ぐことができる）である．それぞれの動物は，この順に並べたときに隣りにある動物を非常に嫌っていて2匹だけで一緒にいることはできない．1932年に，ハーバート・フィリップス（ペンネームは「カリバン」）は，猟師と4匹のビーバーによる別の拡張を出題した．それを定式化すると次のようになる．

農夫とその娘は，オオカミ，ヤギ，キャベツを伴って旅行していた．彼らが川に着くと，そこには彼らのうちの二つしか運べないボートがあった．農夫はオオカミとヤギを押さえつけておくことができるが，娘はまだ小さいのでそうすることはできない．ただし，娘は船を漕ぐことはできる．したがって，農夫は自分が一緒でなければ，娘とオオカミ，オオカミとヤギ，ヤギとキャベツを一緒にしておくことはできない．彼らはどのようにして川を渡ればよいだろうか．

192. 種々の文献

私の文献棚には，さまざまな高さの本がたくさんある．家内は，それらの本を低いものから高さの順に並べると部屋の見ばえがよくなると考えた．このように本を並べ替えるのに，一度に1冊の本を取り出し，棚に残った本を横にずらして空いた場所に取り出した本を戻してよい．本はどれも大きいので，同時に2冊以上取り出すことはできない．本を高さの順に並べ替えるのに，何冊の本をこのように取り出して戻さなければならないだろうか．もちろん，これは現在どのような順に本が並んでいるかによる．すでに高さの順に並んでいるなら，まったく本を動かす必要はない．そのとおりなのだが，一般にこの問題を解いてほしい．すなわち，本の並んでいる順序が与えられたときに，何冊の本を動かすことが必要かを求めたいのである．もっとも多くの仕事が必要になるのは，どのような順序で本が並んでいるときだろうか．

193. 海辺の休日

アダムス夫妻，ブラウン夫妻，キャンベル夫妻，ダグラス夫妻という4組の夫婦が海辺の休日を過ごしていて，偶然にも全員がブリッジに熱中していることが分かった．そこで彼らは，休日の残る3晩を2台のテーブルのブリッジで楽しむことにした．多様性は人生の醍醐味であるから，男女で組んで対戦するが自分の配偶者とは組みもせず対戦もしないことにした．アダムス氏は，誰も同じ人と2回組むことはなく，また同じ人と2回対戦することもないようにさえ組分けできるかもしれないと考えた．ブラウン夫人には，そのようなことができるとは思えなかった．しかし，キャンベル氏が，組む相手としてほかの3人の配偶者がいて対戦するのはほかの夫婦の6人だから数は合って

いると指摘した．ダグラス夫人は，そのような組合せを作ってみると言ったがうまくいかず，ほかの人たちに対戦の準備に取りかかるように促した．彼らは対戦の準備をしたが，しばらくの間はブリッジを楽しむ余裕もなさそうであった．しかし，何人かが突然ほぼ同時に「できた！」と叫んだ．彼らはメモ書きを見せあって何通りかの解があることが分かったが，そのうちのいくつかは名前を入れ換えただけで実際には同じものであった．とはいえ，彼らは本質的に異なるすべての解を見つけた．これらの解を見つけることができるだろうか．

194. 連鎖ゲーム (1)

私が古いパズル本に目を通すのにかなりの時間を費やしていることはご存知だろう．（そして，読者が何かを望んでいないことに感謝している！）私は，1957年の書籍にサム・ロイドの問題の次のような変型を見つけた．鎖の断片が9個あり，それを1本につなぎ合わせたい．鍛冶屋は，断片の輪を開くのに5分かかり，それをもう一度閉じて溶接するのに10分かかると言う．鍛冶屋が一本の鎖にするのにはどれだけの時間がかかるだろうか．この解は断片の長さによって決まるが，この書籍の著者は問題に断片の長さを含め忘れていた．それでは，この問題に挑戦してみよう．9個の断片をつなぎ合わせるのに必要な最小時間はどれだけか．そして，この時間の中でどのようにして断片をつなぎ合わせればよいか．これを n 個の断片に一般化できるだろうか．

195. 激情にかられて

ある日，結果の出る見込みがなさそうな計算をしていて鬱憤がたまっていた．そこで，計算用紙をきちんと半分に折りたたむことを2

回繰り返してから，それを半分に引き裂いてゴミ箱に投げ入れた．言うまでもなく，数分後にその計算が実際にはまったく問題ないことに気づき，ゴミ箱から紙切れを探しだして元通りにつなぎ合わせるはめになった．紙切れはいくつあって，それらはどれほどの大きさであったか．

[ヒント：これにはいくつかの可能性がある．そのすべての場合を見つけることができるだろうか．]

196. そんなには起こりそうもない

1977年の手品の本に，次のような「A–2–J」の賭け（あるいはひっかけ）が載っている．相手（あるいはカモ）にカードの束を三つの山に切り分けるように求める．そして，あなたは，その三つの山のうち，どれか一つの一番下のカードはAか2かJであることに賭ける．この本の著者は，「3回に2回は勝つことができる」と断言している．ここまでくれば，書かれていることをすべて信じるほどあなたはお人好しではないだろう．したがって，勝算を計算して本当に「3回に2回」になるかどうか，あなたには分かっていると思いたい．あなたはこの著者が何を想定したかおそらく説明できるだろう．

197. 特別選挙

ジェシカとレイチェルは選挙に関する校内看板を掲示しようしていた．これには「特別選挙（ELECTION SPECIAL）」という見出しがつき，その文字が立看板に収まるかどうかレイチェルが尋ねたので，二人は型抜きによって厚紙に文字を描き，それを切り出していた．二人は，その文字を手に取って，看板の上に割り付けてみた．しかし，二人はアルファベット順に型紙を使ったので，ACCEEEIILLNOPST

と並んでいたが，単語と単語の間の空白だけは残してあった．二人は，これをとても風変わりなメッセージだと考えて，ほかのメッセージを探して文字を並べ換え始めた．ジェシカは，すべてのメッセージを試してみるにはどれほどの時間がかかるのか知りたいと考えた．レイチェルは，それはどれだけ素早く並べ換えるかによると言った．レイチェルは，1 秒に一つメッセージを作ればすべてのメッセージを試すのにそれほど長い時間はかからないだろうと考えた．ジェシカは，かなり長くかかり 1 年程度かもしれないと考えた．さて，どれほどの時間がかかるだろうか．

198. 2 枚越え (1)

8 枚の硬貨を一列に並べ，2 枚の硬貨を飛び越すように硬貨を 1 枚ずつ動かして，硬貨 2 枚の山を作るパズルをご存知だろう．目的は，このような移動を 4 回行って硬貨 2 枚の山 4 個を作ることである．8 枚の硬貨では，解は本質的に一意である．これを見つけることができるだろうか．それと等価な解は何通りあるだろうか．このパズルは 10 枚，12 枚，...の硬貨で出題されることもあるが，これは簡単である．その理由が分かるだろうか．しかしながら，米国のパズル蒐集家ジェリー・スローカムは，ダブル・ファイブと呼ばれる 1890 年ごろの先例をもっている．これは，円周上に並べた 10 枚の硬貨を，最終的には硬貨 2 枚の山 5 個が何も置かれていない場所と交互になるようにするパズルである．最初に硬貨が置かれた場所に $1, \ldots, 10$ と番号をつけるとき，最後は偶数番号の位置に 2 枚の山を作りたい．これができるだろうか．同じことが 8 枚の硬貨でもできるだろうか．最終的に硬貨 2 枚の山が隣り合う位置になるようにできるだろうか．

199. 封筒の一筆書き

次のような「封筒」の形状を一筆書きせよというパズルは，子供のころのお気に入りである．

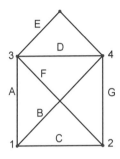
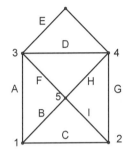

少し試してみれば，そのような経路が見つかるだろう．このような経路の始点と終点になりうる頂点は2個しかないことも知っているかもしれないし，そうでなくてもすぐに分かるだろう．その2個の頂点はどれか．5年ほど前，このような経路が50通りあると主張するパズル本を見つけた．手作業でこれを見つけようと試みたが50通りにはならなかった．何通りを見つけることができるだろうか．比較しやすいように，図のように辺に名前をつけておく．

問題をややこしくする要因として，この図形を見るのには2通りの見方がある．当初の見方は，4個の点1, 2, 3, 4に対する6通りの接続がすべて結ばれていて，そこに3から4への接続Eが追加されているというものだった．この見方では，線BとFが交差する中央の点は実際には結ばれておらず，その中央の点で線Bから線Fに移ることはできない．これが，左側の図が伝えようとしていたことである．しかし，その本の図にはそこに点5があり，おそらく右の図で示したような状況と考えるべきだろう．しかしながら，どちらの場合にも50通りという答えにはならなかった．

結局は，これらの経路すべてを見つけるプログラムを書くことになってしまい，最初の場合の私の結果は正しかったが2番目の場合にはいくつかの経路を見落としていた．

200. 平面の塗り分け

数学者は奇妙な問題を考える．それは，飾り気のないもののこともあるし，洒落たもののこともある．有名な地図の四色問題は，ほかの構造の塗り分けを考えることにつながった．1インチ離れた2点は異なる色になるように平面上の点を塗り分けるとしよう．これには少なくとも4色を必要とすることを示せ．(7色あれば塗り分けられることが知られているが，必要な最小の色数は分かっていない．)

201. 連鎖ゲーム (2)

新しい問題を考案することの楽しみの一つは，読者が誤りや興味深い一般化を見つけてくれることである．鎖のつなぎ合わせ (問題194) を見た英国リンカンシャー州スタンフォードのアラステア・サマーズは，次のような別のもっと一般的で興味深い問題を自問自答し，そして解いた．n個の鎖の断片が与えられたとき，それらの長さをa_1, a_2, $\ldots$, a_nとすると，これらを一本の鎖にするためにいったん開いて閉じなければならない輪の最小個数はいくつか．問題194では，n個の長さのとりうるすべての集合の中での最小個数を問い，その最小個数はある長さの集合に対してだけ生じる．サマーズ氏は，特定の長さの集合それぞれに対して最小個数を求めたかった．簡単のために，a_iが昇順，すなわち$a_1 \leq a_2 \leq \cdots \leq a_n$のように並んでいると仮定する．答えはある程度断片の長さに依存し，この章のほかの問題よりも幾分抽象的であるが，多くの読者は解くことができるにちがいない．サ

マーズ氏は，それを中高生の授業で使うことを計画している．

202. 盲目の修道院長と修道女

1993年に，私はBBCラジオ5のMaths Miscellanyシリーズでパズルに関する番組の司会をした．この番組では，一見するとアラビアを起源とし一般的には「盲目の修道院長と修道女」として知られている次のような古くからある問題をドラマに仕立てた．九つの部屋が3×3に配置されている．修道院長は中央の部屋に陣取っていて，残りの8室それぞれには3人の若い修道女が住み，全部で24人になる．盲目で頭の悪い修道院長は，毎晩，4辺それぞれに沿って人数を数えて点呼をとる．

$$\begin{array}{ccc} A & B & C \\ H & & D \\ G & F & E \end{array}$$

すなわち，それぞれの部屋にいる人数を$A, B, \ldots, H$によって表すとき，修道院長は

$$9 = A+B+C = C+D+E = E+F+G = G+H+A$$

が成り立つかどうかを確認する．しかしながら，若い修道女たちは頻繁に遊び回っていて，ある夜には誰かが出かけていて，ある夜には誰かが訪れている．しかし，彼女らは，修道院長がそれぞれの辺に沿って数えると9人になるようにいつも部屋割りを変える．修道院長に何かが違うと気づかれることなく，何人がこの8室にいることができるだろうか．もっともありふれた解では，すべての角部屋にいる人数が等しく，すべての辺の中央の部屋の人数も等しい．このとき，何人を収容することができるだろうか．それぞれの辺に沿った合計がS人になるような場合に一般化することはできるか．

さらに難しいのは，それぞれの辺に沿った和が一定のSになるよう

なすべての配置を求めよ，あるいは，正方形の対称性のもとで同値でないような配置を求めよという問題である．前述の $S=9$ の場合は，2035 通りの配置があり，そのうちの 365 通りは本当に異なる配置である．これを求めるには S が少し大きすぎるが，$S=2$ の場合には何通りあるか求めることができるだろうか．

203. ヤーバラ伯爵の賭け

オオナゾ村のお年寄りたちは，いまだにホイスト[訳注12]に興じている．最近，ベーカー夫人（蔵元のおかみさんで，ブッチャー氏の妹）は，ホイストの手札に 9 よりも強いカードが含まれないことにヤーバラ伯爵が 1000 ポンド対 1 ポンドの賭けをすると耳にした．ベイカー夫人は，次に仲間が集まるホイストの席でこの話をした．「ほう，その賭けを受けたいね」とブリュワー氏は言った．「そんな手はいつだってくるよ．」銀行の奥方であるバトラー夫人はこう言った．「見てごらん，10 よりも弱いカードは 9 枚ある．だから，確率は 9/13 の 13 乗で，...」バトラー夫人は電卓を取り出して，こう続けた．「8.39 掛ける 10 のマイナス 3 乗，あら，ほぼ 1 パーセントよ．伯爵は大金を失うにちがいないね．」「そして，4 人いるので 4 倍しないといけない」とブリュワー氏が言った．「主人が言ったように，いつだってそんな手がくるわよ」とブリュワー夫人が付け加えた．「あー，いや」と銀行を営むバトラー氏が割って入った．「A は 10 よりも弱いカードに数えないから確率は 8/13 の 13 乗で，1.815 掛ける 10 のマイナス 3 乗にすぎない．これは約 551 分の 1 なので，伯爵はそれほど負けないよ．」「伯爵が負けるような賭けをしつづけるなんて信じられないわ」とバ

[訳注12] 4 人のプレーヤーがそれぞれ 13 枚の手札からカードを 1 枚ずつ場に出して強さを競うトランプゲーム．

トラー夫人は言った．「しょっちゅうそれよりもひどい手がくるね」とブリュワー氏は偉そうに言った．

　そのうち，この論争（あるいは議論）が長引いてきたので，彼らはホイストを中断した．これはオオナゾ村では前例のない出来事である．そして，彼らは全員で私の家にやってきた．私は，いったん前提として4人の説明をなんとか理解し，なんとか話す機会を得て，問題の伯爵は亡くなっている，実際には1世紀以上前に亡くなっているのでこれ以上そのような賭けをしなかったこと，そのような手は一般的にヤーバラとして知られていること，その賭けは配られた4人の手札ではなく一人だけの手札に対しての賭けであること，そして，彼らの計算はあまりよくないことを伝えた．それでは，正しい掛け率はいくらだろうか．ヤーバラ伯爵はその賭けで儲けたのか，それとも損をしたのか．

204. チェスの駒の並べ方

　ジェシカと友人のレイチェルは古いチェス盤と駒で何度も対戦していた．今日，二人が駒を並べているとき，駒をよく見ると印がつけられていて，一つ一つを区別できることにジェシカは気づいた．レイチェルは，どのポーンがどれかを区別できるということだから，対戦するときは毎回違った駒の並べ方にすると言った．ジェシカは，そのやり方でどれくらい長く対戦できるか分かるかと尋ねた．レイチェルは，それは分からないが少なくとも1年は対戦できるにちがいないと答えた．ジェシカは，もっと長く少なくとも数年だろうと考えた．一方のプレーヤーには，何通りの駒の並べ方があるだろうか．双方のプレーヤーでは，何通りの駒の並べ方があるだろうか．そのような対戦をすべて行うには，どれだけの時間がかかるだろうか．

205. ウィンブルドンの悩みの種

ウィンブルドン選手権が開催されているときには，どのようなスコアがありうるかという議論に家族で熱中する．簡単な例としては，1セットでは何通りのスコアが生じうるだろうか．実際には，タイブレークを使わないとこの組合せは無限にあるので，すべてのセットでタイブレークが使われると仮定する[訳注13]．

実に悩ましいのは，多くの試合で敗者が勝者よりも多くのゲームをとることがあるということだ．敗者は勝者よりも最大でどれだけ多くのゲームをとることができるだろうか．

双方のプレーヤーが同数のゲームをとりうることにも気づいた．これが起こる場合は何通りもあるが，そのようなことが起こる最小のゲーム数と最大のゲーム数はいくつだろうか．そのようなゲームで行うことのできるセット数はいくつか．

これらを，女子と男子の両方の場合について答えてほしい．試合放棄などのような例外的なことは起こらないものとする．

206. 2 枚越え (2)

おそらく，多くの読者は標準的な2枚越えの問題（問題198を参照のこと）には馴染みがあるだろう．8枚（10枚，12枚，...）の硬貨を一列に並べ，その中の1枚の硬貨をその隣にある2枚の硬貨を飛び越した先にある1枚の硬貨に重ねて，2枚の硬貨の山を作る．目的は，2枚の硬貨の山を4個（5個，6個，...）作ることである．硬貨の枚数

[訳注13] 1セットは一方のプレーヤーが6ゲーム先取した時点で終わるが，双方が5ゲームずつを取った場合は7ゲーム先取となる．双方が6ゲームずつを取ったときはタイブレークと呼ばれ，それまでのゲームと異なる得点方式で最後のゲームを争う．

が8以上の偶数の場合，これを解くのはそれほど難しくなく，解の個数は $16, 48, 944, \ldots$ と急激に増える．20世紀初めの本を読んでいて，ほかでは見たことのない2種類の変形を見つけた．一つめは，硬貨にトランプを使って $1, 2, 3, \ldots$ と番号がついていると考えて，見えている硬貨，すなわち山の上にある硬貨の合計が最小になる解を求めるというものである．山の上にある硬貨は，移動された硬貨である．8枚，10枚，12枚の場合に，それぞれ最小値を求めることができるだろうか．

207. 2山越え

前問の続きで，20世紀初めの本には別の新たな変形があった．硬貨は，2枚の硬貨ではなく2個の山を飛び越えて移動する．硬貨の枚数が6以上の偶数の場合，これには解があることを示せ．この場合も，解の個数は急激に増える．6枚，8枚，10枚の場合，それぞれの解の個数は $8, 60, 456$ である．硬貨の枚数が6枚，8枚，10枚の場合に，見えている硬貨の合計が最小になる解を見つけられるだろうか．[硬貨が10枚の場合には，この本には20が最小と書かれていた．これよりもよい解が見つけられるか．]

208. 1山越え

前問に続けて，この問題をよく見ると，1個の山を飛び越えて移動することも考えられる．そこからはそれなりの問題ができあがるが，1枚の硬貨を飛び越えて移動するのは，あきらかに解のない問題である．1個の山を飛び越えて移動する問題は，硬貨の枚数が4以上の任意の偶数の場合に解がある．4枚，6枚，8枚，10枚の場合，それぞれ解の個数は $4, 16, 144, 1408$ である．4枚，6枚，8枚，10枚の場合

に，見えている硬貨の合計が最小になる解を見つけられるだろうか．

209. 星のきらめき

何年か前のクリスマスのパズル本で，「… 何個の三角形を見つけることができるか」と書かれた次のような図形を見つけた．その答えは，「少なくとも50個」であった．これはなんとも説得力のない答えのように思えるので，読者ならばもっとたくさん，そして実際にはすべての三角形を見つけることができるだろう．

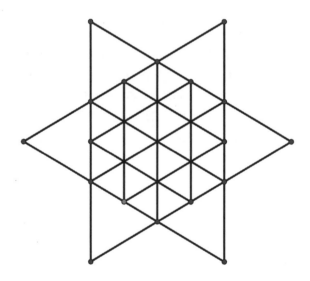

210. 三角形の数

図形の中の三角形を数える別の事例も見つけた．それは，1939年のパズル本の中にあり，私の見つけたそれよりも古い事例は，1907

年,1908年,1928年のものだけである.正三角形ABCを描き,a, b, cをそれぞれA, B, Cの対辺の中点とする.aとBの間に点dをとる.直線AB, AC, Aa, BC, ab, ac, bc, bd, cdをひく.この図形の中に三角形は何個あるだろうか.その本の答えは24個であったが,それよりも多くの三角形を見つけることができたし,読者もきっと見つけることができるはずだ.

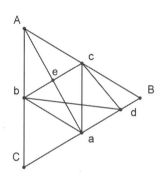

211. 絵札の確率

一般向けの手品の本に目を通していて,次のようなトリックを見つけた.12枚の絵札をひとまとめにしておく.誰かに,トランプの束のどこか好きなところにその12枚を入れて,12回その束を切ってもらう.それから,その12枚のカードがまだひとまとめになっていることを示す.しかし,この本の著者はこう付け加えている.「失敗する確率は500回に1回です.」これまでいくつかの問題で見てきたように,このような主張は疑ってかからなければならないことを十分に承知しているだろう.それでは,本当の確率はどれだけになるだろうか.それはトランプの束を切る回数に依存するだろうか.

212. 着色立方体

3辺が整数 A, B, C の直方体のブロックは，6面すべてに色が塗られている．この直方体を，自然な切り方で単位立方体に分割する．この単位立方体のちょうど半分だけはまったく色を塗られていないようにできるだろうか．そのようにできる直方体は何通りあるだろうか．また，それらのうちで体積が最大および最小のものを見つけよ．

213. 3色の駒

標準的な 3×3 の盤を考える．3色の駒がそれぞれ3個，合計で9個の駒がある．この9個の駒を盤上に置いて，それぞれの駒がほかの2色の駒と縦または横に隣り合うようにしたい．最近，1930年代の本でこの問題を見つけたが，解は一つしかないと述べられていた．一つの解からほかにいくつもの解が導かれるので，何通りの解があり本当に異なる解があるかどうかすぐに分かるだろう．

214. チェス競技会の参加者

チェスの競技会では参加者を2階級に分けることがあり，それぞれの階級のプレーヤーはその階級のほかのプレーヤー全員と対戦する．2階級に分けられた最近の競技会では100試合が行われた．この競技会には何人のプレーヤーが参加したか．

［ヒューバート・フィリップス，*News Chronicle "Quiz" No. 3: Natural History*, News Chronicle, London, 1946, pp. 11 & 33 より］

第15章

言葉のパズル

本書のほとんどは数学パズルであるが，言葉に関する問題であっても，数学者が用いる考え方を使うものがある．

215. マッチ棒の単語

ある日，ジェシカはマッチ棒の箱で遊んでいた．ジェシカは，マッチ棒を使って友人のアンナの名前やそのほかの名前を綴ろうとしたが，ほとんどの名前には曲線のある文字を含んでいるので，マッチ棒ではまったく見栄えがよくない．そこで，ジェシカは，どこにでもある単語を，とにかく長い単語を見つけようとした．どれほど長い単語を見つけることができるだろうか．

問題を明確にするために，使えるのは次の文字だけであることに合意しておく必要がある．

A, E, F, H, I, K, L, M, N, T, V, W, X, Y, Z.

216. 愉快な集会

先日のオオナゾ村メタグロボロジスト協会の集会で，ベーカー夫人は米国の最近のパズル本で見つけた問題をもってきた．「このERGROという文字を見て．」ブリュワー夫人が口をはさんできた．

「その単語は知ってるわ．それは，フランスのカードプレーヤー[訳注14]が言った "Coito, ergro some[訳注15]" のことね．」全員が気を取り直してデカルトについて説明したあとで，ベーカー夫人は続けた．「目的は，ABCERGROABCのように前後に同じ3文字を置いて，誰でも知っている単語を作ることよ．」ブッチャー氏は，クロスワードから顔をあげて，何か不機嫌な言葉を呟いた．それは，私には「穴居人」のように聞こえた．ブッチャー氏は「穴居人」と言ったのだと断言しよう．そして，ブリュワー夫人も同じ言葉を聞いたにちがいない．なぜなら，私は彼女がその言葉を呟き，それがどのように当てはまるのか分からないと言うのも聞いたからである．「これだ，見つけたぞ」とブッチャー氏が大声を出した．「何だって？」と全員が説明を求めた．「この問題はかなりよく知られている」とブッチャー氏は応じた．「そこで，この問題の変形を探していたんだ．前に3文字を置き，後ろにも同じ3文字を置くが，前の3文字と同じ順番ではないようなものを見つけたんだ．それは，ABCERGROCBAみたいなものかもしれないし，そうでないかもしれん．」集まったメタグロボロジストたちは頭をひねった．彼らに救いの手を差し延べてあげられるだろうか．そして，その簡単な解とは何だったのか．

217. 中間問題

黒と白の間には灰色があり，昼と夜の間には夕暮れがあることは知っているだろうが，上りと下りの間には何があるか．

また，「二人では仲良し，3人では仲間割れ」ということわざは知っているだろうが，そうすると4人と5人では？

[訳注14] デカルトと de cartes（フランス語の「カード」）のダジャレ．
[訳注15] Cogito ergo sum（我思う，故に我在り）のダジャレ．

218. 電卓を使った単語

電卓を上下逆さにすると，ほとんどの数字を文字として読むことができる．数字 1, 2, 3, 4, 5, 7, 8, 9, 0 は，それぞれ I, Z, E, H（小文字の h），S, L, B, G, O と読める．

（電卓によってはこのように読みやすいものもあり，9 をひっくり返すと G になるよりも 6 をひっくり返すと g に近いといえるかもしれない．）このようにして単語を作ることは，気晴らしとしてよく行われている．これらの文字で作ることのできるもっとも長い単語は何か．

かつてこのような問題を出題したとき，私が見つけた答えよりもかなり長い答えをたくさん受け取ったし，読者もまたこの挑戦を受けて立つのだろう．私は，7 文字の単語を 42 個，8 文字の単語を 26 個，9 文字の単語を 13 個，10 文字の単語を 5 個，11 文字の単語を 1 個，12 文字の単語を 3 個，13 文字の単語を 1 個見つけた．そのうちのあるものはハイフンを使ったほうが見やすいが，もちろんハイフンはマイナス記号をひっくり返したものである．しかし，電卓によっては $*$ と表示される掛け算記号をひっくり返して x として使えるならば，もっと長い単語が作れるのではないだろうか．

219. 正整数の表記に現れない文字

（知られている限りの）どのような正整数の英語表記にも現れることのない文字は何か．それぞれの文字が最初に現れる数の一覧を作れ．その一覧には，意外と大きな数が現れることになる．

220. アロハ

ハワイのアルファベットには，A, E, H, I, K, L, M, N, O, P, U,

Wの12文字しかない．その結果，たとえばカメハメハという王様やリリウオカラニという女王がいたようにハワイの1単語は長い．また，同じ言葉を繰り返すことがあり，たとえばマヒマヒというのはドルフィン・フィッシュ（シイラ）と呼ばれる魚であって，同じ名前の海洋哺乳類（イルカ）と混同しないように．それでは，ハワイのアルファベットを使って作ることのできる最長の英単語は何か．それはハワイやカリフォルニアで最近英語の一部になったハワイの言葉である可能性もあるが，ハワイ由来の言葉は除外するのがよいだろう．

221. とてもずるい数列

次の数列の次にくる数は何か．

$$15145, 202315, 2081855, 6152118, 69225, \ldots .$$

解　答

第1章

1. 平等な負担

3人はサンドウィッチを等分したので，それぞれ3個のサンドウィッチを食べた．したがって，それぞれのサンドウィッチは1ドルの値打ちがある．すると，ジェシカはサマンサにサンドウィッチを一つあげたのに対して，パドはサマンサにサンドウィッチを二つあげた．したがって，ジェシカは1ドルを受け取り，パドは2ドルを受け取るべきである．

2. レオのリリアン・リメリック

最初の問題は，$S = 1 + 2 + \cdots + 1{,}000{,}000{,}000$ を求めよというものだ．これが，等差数列の和であることは分かっているだろう．等差数列の和の求め方を分からなければ，それを求めるもっとも簡単な方法は，逆順に足したものを考えることである．

$$S = 1{,}000{,}000{,}000 + \cdots + 2 + 1$$

この二つの和の対応する項どうしを足すと，$2S$ は，10億個の項の和で，その項はすべて $1{,}000{,}000{,}001$ であることが分かる．したがって，

$$S = 500{,}000{,}000 \times 1{,}000{,}000{,}001 = 500{,}000{,}000{,}500{,}000{,}000$$

となる．

10のべき乗の表記を使うと，これは $5 \times (10^{17} + 10^8)$ となりもう少し簡単に書くことができる．

2番目の問題は，リリアンを悩ませたものの，実際にはもっと簡単である．0から999,999,999までの整数を考える．それらをすべて9桁の数として書くと，000,000,000, 000,000,001, 000,000,002から始まって999,999,999で終わる．それぞれの桁において，10個の数字0, 1, 2, ..., 9は同じ回数だけ現れるので，それぞれの桁に100,000,000回ずつ現れる．したがって，どの桁においても，これらの数字の和は

$$100{,}000{,}000 \times (0 + 1 + 2 + \cdots + 9) = 100{,}000{,}000 \times 45$$
$$= 4{,}500{,}000{,}000$$

になる．これは9桁の数についていえることであるが，1,000,000,000の数字も和に含めなければならないので，リリアンの答えは $9 \times 4{,}500{,}000{,}000 + 1 = 40{,}500{,}000{,}001$ になる．したがって，リリアンは400億の恩を受けている．

［billion が100万の千倍 $(1{,}000{,}000{,}000 = 10^9)$ ではなく，100万の100万倍 $(1{,}000{,}000{,}000{,}000 = 10^{12})$ になる昔の英国の用法を使いたいのなら，答えは

$$500{,}000{,}000{,}000{,}500{,}000{,}000{,}000$$
$$= 5 \times (10^{23} + 10^{11}) \quad \text{と} \quad 54{,}000{,}000{,}000{,}001$$

になる．］

3. 平方の和

a, b, c, d によって，それぞれが買った品物の個数を表す．すると，相異なる整数 a, b, c, d に対して $a^2 + b^2 = c^2 + d^2$ となってほしい．少し探すと，最初の解として $1^2 + 8^2 = 4^2 + 7^2 = 65$ が見つかる．したがって，それぞれの夫妻は65ドルを支払ったことになり，合計は130ドルになる．

[これよりも小さい $1^2 + 7^2 = 5^2 + 5^2 = 50$ という場合は，50が2通りの2個の平方数の和としてうまく表されているものの，すべての数が相異なるという要請によって除外される．この問題では，$0^2 + 5^2 = 3^2 + 4^2 = 25$ のような例外的な場合も除外される．

意欲的な読者への練習問題：2個の立方数（あるいは2個の4乗，など）の和として2通りに表すことのできる最小の数を見つけよ．2個の5乗の和については，見つかっているかどうかは知らない．]

4. 積と和

足し合わせる数が a と b の二つだけだと仮定しよう．$a \leq b$ としてよい．このとき，$a + b = ab$ になってほしい．これを b について解くと $b = a/(a-1)$ になる．$a = 1, 2, \ldots$ を試すと b はすぐに a よりも小さくなり，解は $(a, b) = (2, 2)$ だけである．

次に3個の数 $a \leq b \leq c$ を調べてみよう．このとき，$a + b + c = abc$ から $c = (a+b)/(ab-1)$ が得られる．$(a, b) = (1, 1), (1, 2), (1, 3), \ldots$ を順に $c < b$ になるまで調べる．それから，$(a, b) = (2, 2), (2, 3), \ldots$ を $c < b$ になるまで調べるというように続ける．この場合も $(a, b, c) = (1, 2, 3)$ だけが解として得られる．

4個の数 $a \leq b \leq c \leq d$ についても同じように調べる．すると，$a + b + c + d = abcd$ から $d = (a + b + c)/(abc - 1)$ が得られる．系統的に調べると $(a, b, c, d) = (1, 1, 2, 4)$ だけが解として得られる．

続けて5個の数の場合も調べる．$e = (a + b + c + d)/(abcd - 1)$ を系統的に調べると，次の3通りの解が得られる．

$$(a, b, c, d, e) = (1, 1, 1, 2, 5), (1, 1, 1, 3, 3), (1, 1, 2, 2, 2)$$

したがって，もとの数は少なくとも5個なければならず，和と積が等しくなるような5個の数は3通りある．

[さらに探しつづけたら，和と積が等しくなるような6個の数は

(1, 1, 1, 1, 2, 6) だけしかないことが分かった. しかし, 7個以上の数の場合には和と積が等しくなる数の組はつねに2通り以上あるように見受けられた. これを計算機で探してみると, 驚いたことに $n = 24$, 114, 174, 444 の場合には和と積が等しくなる n 個の数は1組ずつしかないことが分かった. 7500以下には, そのような n はほかにないが, 7500以上にもまったくないことは証明できなかった. おそらく, 誰か読者が証明するだろう.]

5. 足して百

ハンナが正しい. この数列にプラス記号を差し挟むだけで合計を100にする方法はない. それは, 古くからある「九去法」, あるいは現代的にはそれと等価な9を法とした合同関係を使うと分かる.

[この考え方を知らない人や思い出せない人のために記しておくと, 任意の数は9を法としてその構成数字の和と合同であり, 算術演算 $+$, $-$, $\times$ はこの同値関係を保つ. たとえば, 21は9を法として3と合同であり, 32は9を法として5と合同なので, $21 + 32 = 53$ は9を法として $3 + 5 = 8$ と合同になる. 数字の和が9より大きくなれば, この手順を繰り返して使うことができる. たとえば, 58は9を法として $5 + 8 = 13$ と合同であるが, それは9を法として $1 + 3 = 4$ と合同である. また, 9は9を法として0と合同である. また, $21 - 32 = -11$ は, 9を法として $3 - 5 = -2$ と合同であり, それは9を法として7と合同である. また, $21 \times 32 = 672$ は, 9を法として $3 \times 5 = 15$ と合同であり, それは9を法として $1 + 5 = 6$ と合同である. 数字の和を求める別の方法として, 単純に和が9を超えるたびに「9を取り去る」という方法もある. たとえば, 672を考えると, $6 + 7$ は13であり, そこから9を除くと4になり, $4 + 2$ は6である.]

これをどのようにジェシカの問題に適用すればよいだろうか. それはきわめて簡単である. どこにプラス記号を差し挟んだとして

も，その項には $1, 2, \ldots, 9$ が 1 個ずつ含まれ，それゆえ，それらの項の和は，9 を法としてそれらの数字の和と合同になる．しかし，$1+2+\cdots+9 = 45$ は，9 を法として 9 または 0 と合同であるが，100 は 9 を法として 1 と合同である．したがって，$1, 2, \ldots, 9$ を 1 個ずつ使うと，たとえ順番を入れ替えたとしても，どのような和の合計も 100 になることはない．問題にあげた解は，$+4$ の代わりに -4 であることに注目すると，これは 8 を引く効果があり，数の合計も数字の合計も 100 と同じく 9 を法として $9-8=1$ と合同になる．

6. イグサとスゲ

『九章算術』の解法は，それぞれの日の終わりの高さに注目する．この場合，高さは次のようになる．

日	1	2	3	4
イグサ	3	$4\frac{1}{2}$	$5\frac{1}{4}$	$5\frac{5}{8}$
スゲ	1	3	7	15

あきらかに，3 日目のどこかでスゲはイグサと同じ高さになる．1 日の中では植物は一定の割合で成長すると仮定すると，3 日目の時刻 t における 2 種類の植物の高さは，それぞれ $9/2 + 3t/4$ と $3 + 4t$ である．ここで t は日を単位として測った値である．この両者の高さを等しいとおいて移項すると $13t/4 = 3/2$ が得られる．したがって，$t = 6/13$ であり，合計で 2 と $6/13 = 2.4615\cdots$ 日になる．

しかしながら，あきらかに 1 日の中でも植物が成長する割合は連続的に変わると思われる．微積分を使うこともできるが，もう少し直感的に続けることもできる．まず，スゲについて考えよう．n 日後にはスゲの高さは $S(n) = 1 + 2 + 4 + \cdots + 2^{n-1}$ に成長する．これは等

比級数であり，さまざまなやり方で $2^n - 1$ に等しいことが示せる．高校の数学では，整数値 t の自然な一般化として任意の実数値 t に対して 2^t は定義されると習う．したがって，t 日後にはスゲの高さは $S(t) = 2^t - 1$ になると考えるのがきわめて自然である．そして，微積分を使っても同じ結果が得られる．つぎに，n 日後にはイグサの高さは

$$R(n) = 3 + \frac{3}{2} + \frac{3}{4} + \frac{3}{8} + \cdots + \frac{3}{2^{n-1}}$$
$$= 3\left(1 + \frac{1}{2} + \frac{1}{4} + \cdots + \frac{1}{2^{n-1}}\right)$$

になる．これもまた等比級数であり，カッコで囲まれた和はちょうど $2 - 1/2^{n-1}$ になることが簡単に分かる．したがって，

$$R(n) = 6 - \frac{3}{2^{n-1}}$$

であり，これは，スゲの高さと同じようにすべての実数 t に対して定義されているとみなせる．

ここで，$R(t) = S(t)$，すなわち，$6 - 3/2^{t-1} = 2^t - 1$ となるような時刻 t を求めたい．$x = 2^t$ とおくと，$6 - 6/x = x - 1$ となり，これは 2 次方程式なので，2 次方程式の解の公式を使って解くことができる．しかし，左辺が $6(x-1)/x$ であり，両辺を $x - 1$ で割ると $6/x = 1$，すなわち $x = 6$ になることが簡単に分かる．対数を使うと，この解は $t = \log_2 6 = (\log 6)/(\log 2)$ と書くことができる．ここで，$\log_2$ は 2 を底とする対数だが，右辺の対数の底は何でもよい．これを計算すると，$t = 2.58496\cdots$ が得られる．

［両辺を $x - 1$ で割るときには，この因子がゼロでないこと，すなわち，$x \neq 1$ を仮定している．しかしながら，これは $t \neq 0$ というのと同じことである．これは，$t = 0$ が（自明な）二つ目の解になることを示しているが，このときには 2 種類の植物はまったく成長していない．］

7. 平方の年は歳の平方

近い将来で平方数になる年は $45^2 = 2025$ 年だけである．したがって，ケイティは1980年生まれで，2016年には36歳になる．

8. レモネードと水

答えはゼロ！ ジェシカのジョッキに増えたレモネードの量は，レイチェルのジョッキから減ったレモネードの量とまったく同じである．しかし，レイチェルのジョッキには，この手順を行う前後で同量の液体が入っている．したがって，減った分のレモネードは，同量の水で置き換えられていなければならない．

9. 古くからの間違い

5項の等差数列の標準的な形は $a, a+d, a+2d, a+3d, a+4d$ である．この和は $5a+10d$ であり，中央の項の5倍になっている．和は40なので，中央の項 $a+2d$ が8であることが分かる．これは，等差数列を $8-2d, 8-d, 8, 8+d, 8+2d$ と対称的に書いたほうが簡単であり，その積が $8(64-d^2)(64-4d^2)$ である．これが12320に等しいとすると，両辺を8と4で割ることができ，$(64-d^2)(16-d^2) = 385$ が残る．$x = d^2$ とすると，これは x の2次方程式 $x^2 - 80x + 639 = 0$ になる．その解は，$x = 9$ と $x = 71$ である．どちらの場合も答えになるが，すべての項が正になるのは $d = 3$ の場合だけで 2, 5, 8, 11, 14 が得られる．したがって，答えは2であるべきで，公差を求めよという問題ならば3が答えになる．

［ちなみに，$d = -3$ と $d = -\sqrt{71}$ もまた正当な解である．これらは，正の d と同じ5項を作り出すが，逆順になる．］

10. 馬の売買

商人が1頭あたり価格 p で h 頭の馬を買ったと仮定しよう．すると，$hp = (h-1)(p+20)$ から，

$$0 = 20h - p - 20 \tag{1}$$

が得られる．

ジェシカが正しければ，$hp = (h-2)(p+40)$ となり，

$$0 = 40h - 2p - 80 \tag{2}$$

が得られるが，これは式 (1) と矛盾している．

したがって，ジェシカは間違っていて，ハンナが正しくなければならない．ハンナの主張からは

$$0 = 45h - 2p - 90 \tag{3}$$

が得られる．式 (3) から式 (1) の2倍を引くと $0 = 5h - 50$ が残り，その結果として $h = 10$ となる．そして，これと式 (1) から $p = 180$ が得られる．

11. 重みのある問題

3, 4, 6, 27 ポンドの分銅では，8, 11, 12, 15, 16, 19, 35, 38, 39 ポンドを除いて 40 ポンドまでの任意の重さが得られる．3, 4, 9, 27 ポンドの分銅では，38, 41, 42 ポンドを除いた 43 ポンドまでの任意の重さが得られるので，40 ポンドまでのうち8通り多くの重さを量ることができる．1ポンドから40ポンドまでのすべての重さを量れる分銅の組は，1, 3, 9, 27 ポンドだけである．

［昇順に重さ A, B, C, D の4個の分銅があると仮定する．天秤で量ることのできる値は $aA + bB + cC + dD$ と表現される．ただし，a, b, c, d はいずれも値として $+1$（その分銅を乳清とは逆の天秤皿に乗

せる），0（その分銅を使わない），−1（その分銅を乳清と同じ天秤皿に乗せる）をとることができる．そうすると，$3^4 = 81$ 通りの重さの乳清が量れる可能性がある．もちろん，分銅をまったく乗せないという自明な場合には値が0になるので，自明でない80通りの重さが残る．それぞれの分銅を反対側の天秤皿に乗せると，それぞれの重さに対応する負の値が得られることが分かる．したがって，正の重さはたかだか40通りである．（たとえば，2通りの分銅の組み合わせが同じ重さになると，自明でない量り方の値が0になるかもしれないので，「たかだか」と述べている.）同様にして，n個の分銅一式で量ることのできる正の重量は最大で $(3^n - 1)/2$ 通りである．

そうすると，4個の分銅では，たかだか$1, 2, \ldots, 40$ポンドを量ることができ，$A + B + C + D = 40$でなければならない．このとき，どのようにして39ポンドを量るか考えてみよう．39ポンドは$B + C + D$でしか得ることができないので，$A = 1$および$B + C + D = 39$となる．1ポンドの分銅を反対側の天秤皿に移動させると38ポンドを量ることができる．したがって，2ポンドの分銅は不要である．すなわち，$B > 2$である．次に，37を量ることを考えよう．4個の分銅で量ることのできる次に小さい値は$A + C + D = 40 - B$なので，$B = 3$および$C + D = 36$でなければならない．36に1ポンドや3ポンドの分銅を置いたり取り除いたりすると$32, 33, 34, \ldots, 40$ポンドを作ることができる．このことから，$A + B + D = 40 - C = 31$であることが分かり，したがって，$C = 9, D = 27$になる．]

12. 三角形分割

この問題を簡単に解く方法はない．まず，「三角数」について調べなければならない．n番目の三角数は$T(n) = 1 + 2 + 3 + \cdots + n$であり，これが$T(n) = n(n+1)/2$であることはよく知られている．この問題では，ビー玉の個数がちょうど8個の三角数を約数に

もつ三角数であると述べている．$T(m)$ が $T(n)$ を割り切るならば，$m(m+1)$ が $n(n+1)$ を割り切り，したがって，m と $m+1$ はともに $n(n+1)$ の約数でなければならない．これを使うと，与えられた三角数を割り切るような三角数を見つける系統的な方法が得られる．たとえば，$2 \times T(8) = 72$ の約数は $1, 2, 3, 4, 6, 8, 9, 12, 18, 24, 36, 72$ なので，$T(8)$ は $T(1) = 1, T(2) = 3, T(3) = 6, T(8) = 36$ を約数にもつ．この方法を続けると，$T(20) = 210$ は $m = 1, 2, 3, 4, 5, 6, 14, 20$ に対する $T(m)$ を約数にもつ．この次にちょうど8個の三角数を約数にもつ三角数は $T(90) = 4095$ と $T(95) = 4560$ である．$T(44) = 990$ と $T(80) = 3240$ は9個の三角数を約数にもち，$T(35) = 630$, $T(84) = 3570$, $T(99) = 4950$ は10個の三角数を約数にもつ．

三角数になる約数の個数についての公式を見つけられるかもしれないが，私はまだ見つけられていない．

13. マッチ棒で遊ぼう

私の見つけた解は次のとおりだが，読者はいくつかの別解を見つけているだろう．

0. II − II
1. II/II または −I/−I
2. II × I
3. IV − I または II + I または −− III
4. IV/I
5. V × I
6. V + I
7. IIIX または VII^{I} または $\sqrt{\text{IL}}$ ($= \sqrt{49}$)
8. VIII
9. IX/I または III^{II} ($= 3^2$) または 11 − II ($= 11 - 2$)

10. XI − I または X × I
11. X + I または XI/I または $11 \times I (= 11 \times 1)$
12. $11 + I (= 11 + 1)$
13. XIII
14. XIV
15. XV^{I}
16. XVI
17. 17/1（7は2本のマッチ棒で作る．これが気にいらなければ，1と7の縦棒にそれぞれ2本のマッチ棒を使って17を作る．）

［1939年の *Morley Adams Puzzle Book* から改作した．その本では，3本のマッチ棒で作った4を用いて4 − Iによって3を作り，4本のマッチ棒で作った0を用いて10を作っている．］

14. コンピュータで混乱

 三つの数を A, B, C とする．一方の計算方法では，$A + B \times C$ を $(A + B)C = AC + BC$ と計算する．もう一つの計算方法では，$A + BC$ と計算する．この二つが同じ結果となるのは $AC = A$ であるとき，そしてそのときに限り，それは $A = 0$ または $C = 1$ であるとき，そしてそのときに限る．前者が後者よりも大きくなるのは，$AC > A$，すなわち $AC - A > 0$，すなわち $A(C - 1) > 0$ であるとき，そしてそのときに限る．そしてそれは，$A > 0$ かつ $C > 1$ または $A < 0$ かつ $C < 1$ のとき，そしてそのときに限り成り立つ．後者が前者より大きくなるのは，$A > 0$ かつ $C < 1$ または $A < 0$ かつ $C > 1$ であるとき，そしてそのときに限る．この問題では，ジェシカは正整数だけを試していて，ありきたりな1を使ってもそれほど面白くないと考えたのである．

15. キャンディーの山分け

N をキャンディーの個数とする．ジェシカの結果から $N-3$ は 7 で割り切れることが分かる．ハンナの結果から $N-6$ は 8 で割り切れ，レイチェルの結果から $N-9$ が 9 で割り切れる，すなわち，N が 9 で割り切れることが分かる．中国式剰余定理（実際，この定理は中国人によるものである．この定理の知られている初出は 4 世紀に孫子の書いた『孫子算経』である）は，このような問題を解くための一般的な手順を与える．しかし，小さな数の場合には，系統的な試行錯誤によって解くこともできる．ジェシカの結果が成り立つ数は $3, 10, 17, 24, 31, 38, \ldots$ である．これらの数を 8 で割った余りは $3, 2, 1, 0, 7, 6, \ldots$ となるので，38 はジェシカとハンナの結果がともに成り立つ．ジェシカとハンナの結果がともに成り立つ数は，$38, 94, 150, \ldots$ である．これらの数を 9 で割った余りは $2, 4, 6, \ldots$ となり，9 を約数とする数は第 8 項の 486 まで現れない．すると，486 に（7, 8, 9 の最小公倍数である）504 の倍数を加えることで一般解が得られる．次に小さい解は 990 であるが，これは大きすぎる．

16. 息子と娘

電卓を使うと，1,920,000 を $49,200 + 10/13$ で割ると $39.02\ldots$ となって割り切れないことが分かる．13 は 39 の約数なので，答えが 1,920,000 の 39 分の 1 である $49,230 + 10/13$ になると考えられたことはあきらかだろう．したがって，答えに単純な誤植があったことになる．

それぞれの娘は母親の 2 倍の額を受け取り，それぞれの息子は母親の 6 倍の額を受け取る．S 人の息子と D 人の娘がいたとすると，$6S + 2D + 1 = 39$ すなわち $3S + D = 19$ となる．これには次の 7 通りの解がある．$(S, D) = (0, 19), (1, 16), \ldots, (6, 1)$．これらの解のう

ちのどれになるかは，問題から欠落した情報によるのだろう．

17. 3人の煉瓦職人

A, B, C で，それぞれアル，ビル，チャーリーが1日で建てられる塀の量を表す．すると，

$$A + B = \frac{1}{12}, \quad A + C = \frac{1}{15}, \quad B + C = \frac{1}{20}$$

であることが分かっている．このような3変数の連立方程式を解く方法はいろいろあるが，問題の対称性から，この三つの方程式を足し合わせると

$$2(A + B + C) = \frac{1}{12} + \frac{1}{15} + \frac{1}{20} = \frac{12}{60} = \frac{1}{5}$$

が得られる．したがって，$A + B + C = 1/10$ であり，3人が一緒に仕事をすれば10日で塀を建てることができる．この等式から，もとの3個の方程式をそれぞれ引くと

$$C = \frac{1}{10} - \frac{1}{12} = \frac{1}{60}$$
$$B = \frac{1}{10} - \frac{1}{15} = \frac{1}{30}$$
$$A = \frac{1}{10} - \frac{1}{20} = \frac{1}{20}$$

となるので，アル，ビル，チャーリーが一人で塀を建てると，それぞれ20日，30日，60日かかる．

このすべての日数が整数になるためには，$A, B, C, A+B, A+C, B+C, A+B+C$ はすべて1を分子とする分数にならなければならない．計算を簡単にするために，これらの分数がすべて共通の分母 d をもつとすると，$A = a/d, B = b/d, C = c/d$ のように考えることができて，$a, b, c, a+b, a+c, b+c, a+b+c$ がすべて d の約数になってほしい．これは，任意の3整数 a, b, c に対して，d を $a, b, c,$

$a+b$, $a+c$, $b+c$, $a+b+c$ の最小公倍数とすれば，簡単に実現できる．$(a,b,c)=(3,2,1)$ の場合には $d=60$ となるので，この問題は A, B, C が相異なる場合のもっとも簡単な例になっている．

18. 年齢の比

今から y 年後には，ジェシカは $y+16$ 歳で，ヘレンは $y+8$ 歳になる．すると，二人の年齢の比は，$R=(y+16)/(y+8)=1+8/(y+8)$ であり，y が無限大になったとき，すなわち，y が無限に大きくなったときの極限において，R は1に等しくなる．これが，私の発言に対してジェシカがもう限界 (limit) だと答えたことの説明である．

R を調べると，$y>-8$ の場合，すなわちヘレンが生まれてからは，1より大きいことが分かる．しかし，それよりもっと遡ると，$-16<y<-8$ では R は負になり，そして，$y<-16$ で再び R は正になる．$R=1/2$ とすると，$y+16=y/2+4$ であり，その結果として $y=-24$ になる．そうすると，24年前には，ジェシカは -8 歳でヘレンは -16 歳だった．これが，ネガティブ思考のポジティブな力である．

19. 足し算表

あきらかに，和が0になるためには，それぞれの集合に0が含まれなければならない．それ以外の数は両方の集合に現れることはできない．1は一方の集合に現れなければならないので，それを一つ目の集合に含めることにして，その集合を表の最上段に書くことにしよう．この表を埋めようとするときに，2数の和としてまだ現れていない最小の数は二つの集合の一方に含まれなければならず，これによって，あっという間にすべての可能性を調べ尽くして，次の3組を見つけることができる．$\{0,1,2,3\}$ と $\{0,4,8,12\}$, $\{0,1,4,5\}$ と $\{0,2,8,10\}$, $\{0,1,8,9\}$ と $\{0,2,4,6\}$．

しかしながら，これ以外の場合もありうる．問題では，二つの集合が同じ大きさでなければならないとは書かなかった．このことによって，自明な $\{0\}$ と $\{0, 1, \ldots, 15\}$ も許されるが，一方の集合には 2 個の元があり，もう一方の集合には 8 個の元がある場合もある．その場合は，2 個の元をもつ集合が $\{0,1\}, \{0,2\}, \{0,4\}, \{0,8\}$ のいずれかであることが簡単に分かる．

20. 日当支払い問題

x, y, z で 3 種類の従業員それぞれの人数を表し，n を勤務時間とする．すると，$x + y + z = 9$ と

$$(500x + 375y + 135z)n = 33360$$

が成り立つ．

二つ目の等式の両辺を 5 で割ると

$$(100x + 75y + 27z)n = 6672$$

が得られる．6672 を因数分解すると $6672 = 16 \times 3 \times 139$ になるので，6672 の小さい約数は 1, 2, 3, 4, 6, 8, 12, 16, 24 である．（n は毎日の勤務時間なので，$n \leq 24$ でなければならない．）さらに，$x = 9$，$y = z = 0$ の場合に賃金は最大になるので，$900n \geq 6672$ でなければならない．このことから，$n \geq 7.41 \cdots$ となって，n は 8, 12, 16, 24 のいずれかであり，それぞれに応じて $6672/n$ は 834, 556, 417, 278 になる．二つ目の等式を $100x + 75y + 27z = 6672/n$ と書き直して，一つ目の等式の両辺を 27 倍した $27x + 27y + 27z = 243$ を引き算すると，$73x + 48y = 6672/n - 243$ が得られる．この右辺の値は 591, 313, 174, 35 のいずれかになる．それぞれの場合に，x のとりうる負でない値をすべて試すことは簡単であり，ただ一つの解は $n = 12$，$x = 1, y = 3, z = 5$ であることが分かる．

21. おやまあ！

実際には，私が当初予想したように答えは 10 の誤植である．しかし，その成り立ちは私が想像したものよりも一段込み入っていた．配列に 10 を書き込むと次のようになる．

$$
\begin{array}{ccc}
7 & 3 & 11 \\
9 & 5 & 22 \\
10 & 2 & 27
\end{array}
$$

このとき，1 行目と 2 行目を足して，3 行目を引くと，どの列も一定値 6 になることが分かる．

すなわち，$7+9-10=6, 3+5-2=6, 11+22-27=6$ である．

私は，3 行目が 1 行目と 2 行目を組み合わせたものだろうとは考えていたが，それが一定の値になるとは考えなかった．

22. 約数 3 個の和

n の約数は a と n/a のように対になっているので，そのどちらの約数を a と見てもよい．たとえば，$3 = 6/2$ として $6 = 2\cdot 3$ と見てもいいし，$2 = 6/3$ として $6 = 3\cdot 2$ と見てもよい．この約数を足し合わせた結果を n と比べたいので，この約数が n/a という形式をしていると考えるほうが簡単である．たとえば，$6 = 6/6 + 6/3 + 6/2$ なので，全体を 6 で割って，$1 = 1/6 + 1/3 + 1/2$ が得られる．3 個の相異なる整数の逆数の和による 1 の表現に対して，n がそれぞれの分母の倍数ならば，3 個の約数の和による n の表現が得られる．この例の場合には，n が 6 の倍数であるとき，そしてそのときに限り，3 個の約数の和による n の表現が得られる．たとえば，$n = 12$ とすると，$12 = 2 + 4 + 6$ が得られる．

したがって，相異なる 3 個の逆数の和による 1 の表現を求めることになり，それは 3 個の逆数を降順に並べると考えるのがもっとも分かりやすい．$1/1$ は，他の 2 項を加える余地がないので，使うことがで

きない．1/2 から始めると，次に使える値は 1/3 であり，この場合には第 3 項は 1/6 になる．1/2 + 1/4 を試すと，第 3 項は 1/4 でなければならない．1/2 + 1/5 から始めると，残りは 1/5 より大きくなり，降順にならない．これは，$b > 4$ となるどのような 1/2 + 1/b に対しても当てはまる．1/3 から始めると，作ることのできる最大の和は 1/3 + 1/4 + 1/5 = 47/60 であり，これは 1 よりも小さい．したがって，相異なる 3 個の逆数の和による 1 の表現は 1/2 + 1/3 + 1/6 だけである．そして，整数が相異なる 3 個の約数の和になるのは，その整数が 6 の正の倍数であるとき，そしてそのときに限る．

どんな数も相異なる 2 個の約数の和にはならないことは簡単に分かる．なぜなら，そうできたとしたら，1 よりも大きい整数の逆数 2 個の和が 1 にならなければならないが，そのような和の最大値は 1/2 + 1/3 = 5/6 だからである．

4 個の約数の場合，状況はもう少し複雑になる．しかし，有名な 17 頭のラクダの問題と同じように解析できる．

ここでは，その解になる分母を列挙するだけにしよう．

$$(2, 3, 7, 42), (2, 3, 8, 24), (2, 3, 9, 18),$$
$$(2, 3, 10, 15), (2, 4, 5, 20), (2, 4, 6, 12)$$

これらは，それぞれの組の分母すべてで割りきれる任意の整数 n，すなわち，分母の最小公倍数の任意の倍数に適用することができる．最小公倍数は順に，42, 24, 18, 30, 20, 12 となる．したがって，ある数が相異なる 4 個の約数の和になるのは，12, 18, 20, 30, 42 のうちのいずれかの倍数であるとき，そしてそのときに限る．

23. 平方数つながり

まず，1 の隣に置けるのは 3, 8, 15, 24, ... なので，N は少なくとも 3 でなければならない．また，2 の隣に置けるのは 7, 14, 23, ... (2 の

次が2ならば，どうしようもない）なので，N は少なくとも7でなければならない．しかしながら，$1, 2, \ldots, 7$ の中で隣り合うことができるものを見てみると，ほとんどの数は隣に置けるほかの数が一つしかない．すべての数を一列に並べたいのであれば，隣に置ける数が一つしかないような数は列の両端に置かなければならず，たかだか二つでなければならない．したがって，N をもっと大きくする必要がある．このように隣に置ける数を追加していくと，13になるまで，追加する数の隣に置ける数が一つしかないことが分かる．$N = 15$ では，隣に置ける数が一つしかない数は8と9の二つだけになる．したがって，8の隣には1がこなければならず，その隣は3か15のどちらかになる．この二つの場合を試してみることもできるが，9から始めると，$9, 7, 2, 14, 11, 5, 4, 12, 13, 3$ となることが簡単に分かり，その次は1か6のどちらかである．しかし，次が1ならばその次に8を置かなければならなくなるので，6を選ばなければならない．そして，この数列は $9, 7, 2, 14, 11, 5, 4, 12, 13, 3, 6, 10, 15, 1, 8$ と簡単に完成する．このような数列は全体を逆順にしたものを除いて一意に決まる．

この数列はコロンビアのボゴタにいるベルナルド・レカマンが1990年に見つけた．答えを送ってくれたレカマンに感謝する．彼とその同僚はこの種の巡回数列になるような最小の N が32であることも見つけた．その解は本質的に1通りしかない．彼らはまた，32から1300までのすべての N に対してこのような巡回数列があることを見つけ，32以上のすべての N に対してこのような巡回数列があると予想している．N が大きくなると巡回数列の数は急激に増大する．「平方数」を「立方数」や「k 乗」で置き換えても同様の結果が成り立つように思われるが，立方数の場合には巡回数列になる N の最小値は473である．

第2章

24. 手抜きの掛け算

その数が $\cdots cba9$ のような形をしていたとしよう．この数を9倍すると $9 \times 9 = 81$ であるから，その結果の下1桁（一の位）は1に等しい．これが $9\cdots cba$ と一致するのだから，$a = 1$ であることが分かる．したがって，その数は $\cdots cb19$ という形をしている．これを9倍すると，その結果の下2桁は71になるから，$b = 7$ である．

これを一般化すると，ここで具体的に b を求めたのと同じように $a, b, c, \ldots$ を計算することができる．$9 \times a$ を計算し，a の計算による繰り上がりを加える．これで末尾の数字が b になる結果が得られる．その結果が9より大きければ，それが次の桁への繰り上がりになる．こうして1桁ずつ $17422\cdots$ を求めることができる．繰り上がりなしで9が現れれば，これで計算を始めたときと同じ状況になるので，その時点で止めることができる．この数が次のようになることを確かめるのは，単調な作業として読者に委ねる．

$$10,112,359,550,561,797,752,808,988,764,044,943,820,224,719$$

［厳密にはこの数を何回でも繰り返すとさらに解を得ることができるが，一つ目の解でよしとしておこう．グラインド先生は，この解を繰り返したものが答えになるような簡単な問題を出題しないだろう．］

［熱意のある読者は，

$$\frac{1}{89} = .0112359\cdots 71910112359\cdots$$

であり，数字 $0, 1, 1, 2, 3, 5$ がフィボナッチ数列になる理由を知りたくなるのではないだろうか.]

25. またしても手抜きの掛け算

この数が $N = abc\cdots z$ であり，これを k 倍すると $kN = bc\cdots za$ になったと仮定する．$A = a$ および $B = bc\cdots z$ で，B を n 桁とする．このとき，$N = A \times 10^n + B$ かつ $kN = 10B + A$ である．これらから，$(10^n k - 1)A = (10 - k)B$ が得られる．$k = 1, 2, 3, \ldots$ を試すと，次の2通りの場合を除いて B は常に 10^n より大きい（すなわち，少なくとも $n + 1$ 桁になる）ことが分かる．

$k = 1$ の場合，$1 \times 3333 = 3333$ のように多くの解がある．これらは，あきらかにグラインド先生が出題するには簡単すぎる．$k = 3$ の場合，$(3 \times 10^n - 1)A = 7B$ になる．7 が A の約数ならば A は 7 か 0 でなければならないが，0 の場合は自明な解 $A = B = 0$ になる．$A = 7$ ならば，$B = 3 \times 10^n - 1$ は $n + 1$ 桁になる．しかし 7 が $3 \times 10^n - 1$ の約数ならば，$A = 1$ または $A = 2$ の場合に B は n 桁になる．このとき，n は $6m - 1$ という形になることが分かるためには初等的な整数論が少し必要だが，一つ目の場合として簡単に $m = 1$, $n = 5$, $B = 42857 A$ が見つかる．$A = 1$ ならば $3 \times 142857 = 428571$ であり，$A = 2$ ならば $3 \times 285714 = 857142$ である．その次の場合は $n = 11$ であり，$3 \times 142857142857 = 428571428571$ などが得られる．

26. 足し算マジック

3個目の数字は簡単に求めることができる．なぜなら，$G + H + I = 18$ だからである．これが成り立つ理由は，すべての数字の和 S を考えれば分かる．$S = A + B + C + D + E + F + G + H + I$

は，$1+2+3+4+5+6+7+8+9=45$ に等しくなければならない．足し算 $ABC+DEF$ に繰り上がりがないと仮定しよう．すると，$A+D=G$, $B+E=H$, $C+F=I$ なので，$S=2(G+H+I)=45$ となるが，これは不可能である．この足し算に，たとえば，一の位から十の位に繰り上がりがあると仮定しよう．すると，$C+F=10+I$, $B+E+1=H$, $A+D=G$ であり，ここから $S=2(G+H+I)+9=45$，つまり $G+H+I=18$ が得られる．十の位から百の位に繰り上がりがある場合も同じ結果が成り立つ．一の位と十の位の両方に繰り上がりがあるとしたら，$S=2(G+H+I)+18=45$ となるが，これは不可能である．

このような足し算には21通りあり，そのそれぞれから16通りの解が得られるので，全部で336通りの解がある．$A+D=D+A$ であるから，A と D を入れ替える2通りがある．同様に，B と E, C と F を入れ替えることで，一つの足し算から8通りの解が得られる．ここで，十の位に繰り上がりのある $271+683=954$ のような足し算を考えてみよう．この一の位を先頭に移動させると，一の位に繰り上がりがある $127+368=495$ になる．これで一つの足し算から2通りの解が得られるので，それぞれの足し算から合計で16通りの解が得られる．

27. べき乗の桁数

N が n 桁ならば，$10^{n-1} \leq N < 10^n$ が成り立たなければならない．$N=a^n$ として常用対数をとると，

$$n-1 \leq n\log a < n$$

が得られる．この右側の不等式は $a<10$ であることを示しており，左側の不等式は $n \leq 1/(1-\log a)$ と変形できる．$a=1,2,\ldots,9$ に対して，n の値はそれぞれ $1, 1, 1, 2, 3, 4, 6, 10, 21$ 通りあり，全部で49個の

値が得られる．そのうちの最大のものは，$9^{21} = 1\,09418\,98913\,15123\,59209$ である．

28. 数字の和の平方

すべての解を見つけるのに手で計算するのは少し面倒だったので，計算機を使って求めた．すると，次にあげるような20個の解が見つかった．下線をつけた解はパズル本の著者が見つけたものである．

$$001, 010, 020, 050, 081, 100, 112, \underline{162}, 200, \underline{243},$$
$$\underline{324}, \underline{392}, 400, \underline{405}, 500, \underline{512}, \underline{605}, \underline{648}, \underline{810}, \underline{972}$$

この著者は，最初の5個の解は実際には3桁の数字ではないとして除外した．そこで私はゼロを含む数が除外されていると考えたが，10個の解の中に405が含まれ，112が含まれないことから，この考えは正しくないことが分かる．この著者は，1桁目がゼロではなく3個の数字がすべて相異なる場合だけを考えていたようだ．

29. 数字のべき乗の和

次のようにしてある程度は範囲を絞ることができるが，数字の3乗の表を作って膨大な試行錯誤をする以外に $k=3$ の PDI を見つける簡単な方法はないように思われる．

一般に，与えられた k に対して PDI の桁数を任意に大きくすることはできない．このことは次のようにして分かる．数 N が n 桁であれば $10^{n-1} \leq N < 10^n$ である．しかし，N の各桁の数字の k 乗の和は，その数字がすべて9であるときに最大なので $n9^k$ 以下である．したがって，$n9^k < 10^{n-1}$，すなわち $9^k < 10^{n-1}/n$ ならば，n 桁の数 N は k 乗の PDI にはなりえない．この不等式の右辺は，n に従って増大するので，与えられた k に対してこの不等式が成り立つような n の値は有限個しかない．

これによって, $k=3$ の場合は $n<5$ であることが示される. 4×9^3 は 2916 であるから, 4 桁の解には 1 か 2 が含まれなければならず, さらにもう少し調べると 4 桁の解はないことが分かる. 1 桁や 2 桁の解がないことは簡単に分かるが, 3 桁の解として 153, 370, 371, 407 を見つけるのはかなり大変である.

$k=n$ の場合, 一般的な論法によって, $n9^n < 10^{n-1}$ ならば PPDI になりえないことが分かる. この不等式の右辺は左辺よりも急速に大きくなり, $n=61$ ではじめて左辺を超えるので, PPDI は有限個しかないことを示すのはそう難しくない.

[これを書いたあとに見つけたが, 1981 年と 1993 年に PPDI が報告されていた. PPDI は 88 個ある. (1 は含めるが 0 は含めない.)]

30. さらに手抜きの掛け算

問題 24 や問題 25 で用いた方法を使うこともできるが, もっと楽に答えを求められるずるい方法がある. まず, 右端の数字を左端に移したと考えて, その数の各桁の数字を $a, b, \ldots, c, d$ とすると, $(3/2)\ ab \cdots cd = dab \cdots c$, すなわち $3 \times ab \cdots cd = 2 \times dab \cdots c$ になる. A を循環小数 $.ab \cdots cdab \cdots cdab \cdots$ とし, B を循環小数 $.dab \cdots cdab \cdots cdab \cdots$ とする.

このとき, $3A = 2B$ である. しかし, $10B = d.ab \cdots cdab \cdots = d + A$ なので, $15A = 10B = d + A$ となり, $A = d/14$ である.

14 は偶数であるから, d が奇数ならば, 純粋に周期的な小数展開にはならない. したがって, A は $1/7$ の倍数であり, 求める数は 142857 の倍数である. また, それを $3/2$ 倍できなければならないので, 666667 よりも小さい偶数でなければならない.

このことから, 解は $(3/2)\ 285714 = 428671$ と $(3/2)\ 571428 = 857142$ の 2 通りだけである.

[もちろん, もっと長い $(3/2)\ 285714285714 = 428571428571$ のよ

うな解もあるが，これらは実質的に異なる解ではない．]

次に，左端の数字を右端に移すことを考える．さきほどと同じように進めると，$3 \times ab\cdots cd = 2 \times b\cdots cda$, $A = .ab\cdots cdab\cdots$, $B = .b\cdots cdab\cdots$, $3A = 2B$, $10A = a + B$, $20A = 2a + 2B = 2a + 3A$ となるので，$A = 2a/17$ である．$1/17$ は純粋に周期的な小数展開をもつので，$a = 1, 2, 3, 4, 5$ に対して解がある．$a = 2$ の場合，その解は $1{,}176{,}470{,}588{,}235{,}294$ になる．

[この解法の後半は，$2/3$ を乗数として前半と同じように解くこともできる．]

31. 桁交換の掛け算

問題は，$ab \times cd = ba \times dc$ となるような数を求めよというものだ．十進数 ab の値は $10a + b$ であるから，この問題は

$$(10a + b)(10c + d) = (10b + a)(10d + c)$$

であり，

$$100ac + 10ad + 10bc + bd = 100bd + 10bc + 10ad + ac$$

の両辺の第2項と第3項は相殺されるので，残りは $99ac = 99bd$ つまり $ac = bd$ である．$a = b, c = d$ および $a = d, c = b$ の場合は自明な解しかないので，純粋に異なる数の積 ac と bd が等しい場合を求めたい．掛け算表を調べると，見つかるのは次の9通りだけである．

$$1 \times 4 = 2 \times 2, \quad 1 \times 6 = 2 \times 3, \quad 1 \times 8 = 2 \times 4$$
$$1 \times 9 = 3 \times 3, \quad 2 \times 6 = 3 \times 4, \quad 2 \times 8 = 4 \times 4$$
$$2 \times 9 = 3 \times 6, \quad 3 \times 8 = 4 \times 6, \quad 4 \times 9 = 6 \times 6$$

これらの場合それぞれから，一般に2通りの解が得られる．たとえば，$1 \times 6 = 2 \times 3$ からは $12 \times 63 = 21 \times 36$ と $13 \times 62 = 31 \times 26$ が得られる．しかしながら，一方が等しい2数の積の場合は，1通りの

解しか得られない．このような場合は 4 通りあるので，全部で 14 通りの解がある．

ペレルマンは，数字はすべて正であることを前提としていた．数字としてゼロを許すと，$00 \times cd = 00 \times dc$ と $0b \times c0 = b0 \times 0c$ という退化した形の解が得られる．

一般に，$ab \times cd$ をそれと同じ数字からなる 2 桁の数 2 個の積にしたい．4 個の数字の並べ方は $4! = 24$ 通りだが，左側の 2 桁の数が a を含んでいるようにすると 12 通りに減らせる．6 ページもの詳細な解析を行ったあとで，いくつかの場合を見落としていたことに気づいたので，計算機で解を見つけることにした．当初は自明な場合があまりにもたくさん含まれていたため，それらを出力しないように少しプログラムを見直した．それぞれが 2 通りの積として表される次のような 4 通りの新しい解が見つかった．

$$01 \times 64 = 04 \times 16, \quad 01 \times 95 = 05 \times 19$$
$$02 \times 65 = 05 \times 26, \quad 04 \times 98 = 08 \times 49$$

そのほかの解としては，$10 \times 64 = 40 \times 16$ などがあり，十の位が 0 になることはない．

32. 掛けたら並び替え

答えは $3 \times 51 = 153, 6 \times 21 = 126, 8 \times 86 = 688$ である．

33. 抹消！

少し試してみると，一の位を足し合わせた値 U は $U = 1$ か $U = 11$ か $U = 21$ にならなければならない．繰り上がる数によって，十の位を足し合わせた値 T は $T = 1, 11, 21$ か $T = 0, 10, 20$ か，$T = 9, 19$ にならなければならない．そして，百の位の合計 H についても同じことが成り立つ．これらの和になる組合せは，次のような限られた場合しかない．

$1 = 1,\quad 11 = 1+3+7,\quad 21 = 5+7+9$
$0 = 0,\quad 10 = 1+9$ または $3+7,\quad 20 = 1+3+7+9$
$9 = 9$ または $1+3+5,\quad 19 = 3+7+9$

繰り上がりがあるので，まず U に着目して場合分けをし，次に T，そして H を決めるのが簡単である．ここで，その和を通常の H, T, U の順に書き下そう．1番目の候補は $(H, T, U) = (11, 1, 1)$ で，これが生じるのは，百の位に 1, 3, 7 が含まれ，十の位に 1 が含まれ，一の位にも 1 が含まれる 1 通りしかなく，その結果として $111 + 300 + 700$ という和が得られる．この和にはゼロでない数字が 5 個あるので，10 個の数字が消される．このように考えると起こりうる (H, T, U) は 8 通りだが，そのうちのいくつかは和を作るのに複数の可能性があり，全部で 18 通りの解がある．それぞれの場合について，解の個数，残された数字の個数，消される数字の個数を次の表に示す．これより，5 個から 10 個の数字を残すことができ，そして 5 個から 10 個の数字を消すことができる．5, 6, ..., 10 個の数字を消す解は，それぞれ 1 通り，1 通り，3 通り，6 通り，5 通り，2 通りなので，5 個または 6 個の数字を消す場合がもっとも見つけにくいだろう．

H	T	U	解の個数	残す/消す数字の個数	
11	1	1	1	5	10
10	11	1	2	6	9
9	21	1	2	5, 7	10, 8
11	0	11	1	6	9
10	10	11	4	7	8
9	20	11	2	8, 10	7, 5
10	9	21	4	6, 6, 8, 8	9, 9, 7, 7
9	19	21	2	7, 9	8, 6

34. 100を作れ

100を9で割ると1余るので，足し算だけで100を作るには，数字 $1, 2, \ldots, n$ を足し合わせた合計を9で割ると余りが1にならなければならない．これが起きるのは，$n = 1, 4, 7$ の場合であることが分かる．$n = 1$ と $n = 4$ の場合には，100を作るためには対数関数や平方根などの特殊な演算が必要と思われる．しかし，$n = 7$ の場合には，$1 + 2 + 34 + 56 + 7$ と $1 + 23 + 4 + 5 + 67$ という2通りのきれいな解がある．これほどきれいではないが，足し算だけの解がいくつかある．十の位の数字はほかの数に移すことができる（たとえば，$1 + 23 = 21 + 3$）ので，一の位の数字を足し合わせると20になるものを示すのがわかりやすいだろう．そうなるような数字は，12467, 13457, 23456, 3467, 2567 の5組である．

それ以外の n の値については，そう悪くはない解がいくつかあるが，n が小さくなるにつれて難しく複雑になっていく．

$$
\begin{aligned}
n &= 8 \quad 12 + 3 - 4 + 5 + 6 + 78 \\
n &= 6 \quad -1 + 2 + 34 + 65, \ -1 + 2 + 43 + 56 \\
n &= 5 \quad 5(2^4 + 1 + 3) \\
n &= 4 \quad [3/(.4 - .1)]^2
\end{aligned}
$$

35. 数字の和が約数

2桁の数を ab とすると，その値は $N = 10a + b$ になり，2個の数字の和は $S = a + b$ になる．このとき，S が N の約数になるのは，S が $N - S = 9a$ の約数になるとき，そしてそのときに限る．$b = 0$ ならば，これはあきらかに成り立ち，次の9通りの解がある．$10, 20, \ldots, 90$．$b > 0$ ならば，$a + b$ は a よりも大きいので9との公約数がなければならない．すなわち，$a + b$ は3の倍数でなければならない．したがって，次の場合を確かめることになる．

$a+b=3$ からは，N として 12 と 21 が得られる．

$a+b=6$ では a は偶数でなければならず，N として 24 と 42 が得られる．

$a+b=9$ からは，N として 18, 27, ..., 81, 90 が得られる．

$a+b=12$ では a は 4 の倍数でなければならず，N として 48 と 84 が得られる．

$a+b=15$ では a は 5 の倍数でなければならず，解はない．

$a+b=18$ では a は偶数でなければならず，解はない．

合計すると解は 23 通りになる．

その数字の積の倍数になる N は，12, 24, 36 の 3 通りだけである．$N=SP$ となる N は，0, 1, 135, 144 だけである．

36. 珍しい 4 桁

この種の問題には，手計算で解く方法のあることが多いが，その方法を見つけるのは単純な計算機プログラムを書くよりも手間がかかることが多い．$(AB+CD)^2 = ABCD$ から，$D = 0, 1, 4, 5, 6, 9$ であることが分かる．この D のそれぞれの値に対して C の値はたかだか 5 通りしかない．さらに，D のそれぞれの値に対して $(B+D)^2$ の末尾が D になるような B の値はたかだか 2 通りである．こうして手間を減らしても，次の 5 通りの解を見つけるためにすべての場合を確かめるのは少々面倒である．

$$(00+00)^2 = 0000, \ (00+01)^2 = 0001, \ (20+25)^2 = 2025$$
$$(30+25)^2 = 3025, \ (98+01)^2 = 9801$$

37. 二と二で四，または五

おそらく，このような問題に取りかかるときにもっとも自然な方法は，それぞれの数字に対して，そのあとに続きうる数字の表を作る

ことだろう．もう読者は，そのような表を作り，それを使って調べているにちがいない．すべての数字には，そのあとに続く数字が2個あり，また，その数字の前にくる数字も2個あることが見て取れる．たとえば，6の前には3または8がくることができ，9の前には4または9がくることができる．

10個の数字で循環数列を作ろうとすると，そのどこかに0が現れなければならない．0の次に続くのは0か1であるが，0が続くと，長さ1の循環数列になってしまう．さらに，0の前にくるのは0か5なので，ここにも0を使うことはできない．したがって，10個の数字の循環数列は，その一部に5, 0, 1を含まなければならない．同じように9に着目すると，4, 9, 8も含まなければならないことが分かる．これで残ったわずかの場合だけを試せばよく，次の3通りの解が簡単に見つかる．

..., 5, 0, 1, 2, 4, 9, 8, 6, 3, 7, 5, 0, ...
..., 5, 0, 1, 3, 6, 2, 4, 9, 8, 7, 5, 0, ...
..., 5, 0, 1, 3, 7, 4, 9, 8, 6, 2, 5, 0, ...

［フレッド・シューによる1944年のオランダ語での講義の小冊子の問題から改作した．］

38. 素数の連鎖

2桁の素数は次の20個である．11, 13, 17, 19, 23, 29, 31, 37, 41, 43, 47, 53, 59, 61, 67, 71, 73, 79, 83, 89, 97．どの素数の一の位も2, 4, 5, 6, 8ではありえないので，これらの数字が十の位に現れる素数は，せいぜい1か所，具体的には数列の先頭に現れることしかできない．残りの10個の素数を並べて19737131179などのように11桁の数列にする方法は何通りかある．これが，この10個の素数をすべて使ったときの最大長である．この数列の先頭に4または6を追加すると，期待する形の12桁の数列が得られ，これが最大長になる．

解の個数は私が予想していたよりもいくぶん多く，それを求めるのに計算機を使わなければならなかった．しかし，少しばかり簡単にすることができる．まず，先頭の4または6を除けば，求める性質をもつような1, 3, 7, 9から作られる数列を探すことになる．これは，これらの数字に対応する4点からなるグラフでaからbへの辺があるのは，abが素数であるとき，そしてそのときに限るようなものとみなせる．ここでほしいのは，このグラフのオイラー路と呼ばれるものである．このグラフを調べると，1から出る辺の本数は1に入る辺の本数よりも1本多く，9に入る辺の本数は9に入る辺の本数より1本多く，3と7はそれぞれ入る辺の本数と出る辺の本数が同じであることが分かる．したがって，オイラー路は1から始まって9で終わらなければならない．辺11は除いておいて，1が現れる3か所のいずれにもあとから挿入できるので，さらに少しだけ簡単になる．このように簡単にしても，すべてのオイラー路を手作業で見つけるのはまだ少し面倒である．計算機では32通りのオイラー路が見つかった．この32通りそれぞれの3か所に11を挿入することができ，11を使った96通りのオイラー路が得られる．これらの先頭に4または6を追加すると，最大の長さ12の解192通りが得られる．

第3章

39. 縦横の和

ヘンリエッタの言うようにはならない．配列の左上にある4個の数を考えて，それらに a, b, c, d という基礎値を割り当てる．すると，この配列は次のようになる．

$$
\begin{array}{ccccc}
a & + & b & = & a+b \\
+ & & + & & + \\
c & + & d & = & c+d \\
\| & & \| & & \| \\
a+c & + & b+d & = & a+b+c+d
\end{array}
$$

このとき，$a+b+c+d$ の最小値は $1+2+3+4=10$ なので，右下の値が1桁の数字になることはない．a, b, c, d のいずれかが0になることを許して，ヘンリエッタの言うような解を求めようとしても，足し算の結果が異なる値にならないだろう．

ジェシカが示したような解を探すとき，a が基礎値の中で最小になり，$b<c$ となるように上段と中段，あるいは，左列と中央列を入れ換えたり，対角線に沿って裏返したりできることが分かる．手作業での試行錯誤により，次のような繰り上がりのない3通りの解を見つけた．それぞれの解から8通りの図式が得られる．

$$1+3=4 \qquad 1+3=4 \qquad 1+4=5$$
$$+ \quad + \quad + \qquad + \quad + \quad + \qquad + \quad + \quad +$$
$$6+2=8 \qquad 7+2=9 \qquad 7+2=9$$
$$\| \quad \| \quad \| \qquad \| \quad \| \quad \| \qquad \| \quad \| \quad \|$$
$$7+5=12 \qquad 8+5=13 \qquad 8+6=14$$

$b+d$ の足し算に繰り上がりを許すならば,さらにいくつかの解がある.最下段の足し算の結果がほかの数字とは異なる1桁の数字になればヘンリエッタを喜ばすことができただろうが,(計算機を使って)もう少し探索すると,次の5組しかないことが分かる.

$(a,b,c,d)=(1,7,2,3), (1,7,4,5), (1,8,2,5), (1,8,3,4), (2,6,4,5)$

この中に9個の数字がすべて現れるような場合は一つもない.(それぞれの解からは,上段と中段を入れ換えて得られる2種類の図式だけが得られる.)

40. すべての数字を使って

3個の数を ABC, DEF, GHI とする.$3 \times ABC$ は1000未満であるから,$ABC \leq 333$ であることが分かり,したがって,$A=0,1,2,3$ である.A が0ならば,D は1,G は2でなければならず,このことから B は6以上になってしまう.

F は $2C$ の一の位であり,I は $3C$ の一の位であることが分かる.したがって,三つ組 CFI のとりうる値は,000, 123, 246, 369, 482, 505, 628, 741, 864, 987 である.あきらかに,C は0や5にはなりえない.また,$C=1$ ならば $F=2, I=3$ であり,このことから $A=0$ になってしまい,$D=1$ であってほしいが,1はすでに使われている.したがって,C は1になりえない.

$C=2$ の場合は,三つ組 BEH は前述の三つ組のいずれかでなければならず,その中で $2,4,6$ を使っていないのは987だけである.

$A=1$ および $A=3$ を試してみると，192, 384, 576 という解が見つかる．

$C=3$ の場合も，三つ組 BEH となりえるのは，述の三つ組の中で 482 と 741 だけである．この中で後者だけから解 273, 546, 819 が得られる．

$C=4$ の場合は，三つ組 CFI は 482 であり，H には 1 が繰り上がっている．したがって，三つ組 BEH がとりうる値は，前述の三つ組の右の数字を 1 だけ増やした 001, 124, 247, 360, 483, 506, 629, 742, 865, 988 になる．この中で解となりうるのは 360 と 506 だけであるが，いずれの場合も解にはならない．

$C=6$ の場合は，三つ組 CFI は 628 であり，三つ組 BEH はもとの三つ組の中央と右の数字にそれぞれ 1 を加えたもの，すなわち 011, 134, 257, 370, 493, 516, 639, 752, 875, 998 である．この中で解となりうる BEH は 134, 370, 493 だけであるが，いずれの場合も解にはならない．

$C=7$ の場合は，$CFI=741$ であり，三つ組 BEH は 012, 135, 258, 671, 494, 517, 630, 753, 876, 999 でなければならない．この中で解となりうるのは 258 と 630 だけであり，これらから，それぞれ 327, 654, 981 および 267, 534, 801 という解が得られる．

$C=8$ の場合は，$CFI=864$ であり，BEH は $C=7$ の場合と同じ三つ組の一つでなければならない．この中で解となりうるのは 012, 135, 517, 753 であるが，753 だけから解 078, 156, 234 が得られる．

$C=9$ の場合は，$CFI=987$ であり，BEH は $C=7$ の場合と同じ三つ組の一つでなければならない．この中で解となりうるのは 012, 135, 630 であるが，135 だけから解 219, 438, 657 が得られる．

41．十字陣

まず，ほかにも定和となりうる数があるかどうかを調べよう．十字

の交差にある数を C とし，定和を S とする．縦と横の和を合わせると $2S$ になり，これは 1 から 9 までのすべての数を足し合わせたものだが，C だけは二重に数えられている．$1+2+\cdots+9=45$ なので，$2S=45+C$ であることが分かる．したがって，C は奇数 1, 3, 5, 7, 9 でなければならず，それぞれに対応して S の値は 23, 24, 25, 26, 27 になる．それぞれの場合に，すぐ分かるような並べ換えを無視すると，かなり簡単にすべての解を求めることができる．それには，足し合わせて $S-C$ となるような 4 個の数を見つければよい．このとき，残りの 4 個の数も足し合わせると $S-C$ になる．4 個の数を探すときに，使うことのできる最初の数を含めるようにすると解の探索を半分に減らすことができる．$C=1, 3$ の場合の解はすべての数 x を $10-x$ で置き換えると $C=7, 9$ の場合の解に対応する．このことに気づくと，その作業を 4 割減らすことができる．次の 4 個の数それぞれから解が決まる．

$$C=1, \quad S=23 \quad 2389, \quad 2479, \quad 2569, \quad 2578$$
$$C=3, \quad S=24 \quad 1479, \quad 1569, \quad 1578$$
$$C=5, \quad S=25 \quad 1289, \quad 1379, \quad 1469, \quad 1478$$

$S=25$ の場合，1478 によって与えられる解は，足し合わせて 10 になる対を並べ換えることでは得られない．

これらの解それぞれに対して，その数を縦または横に並べることができ，また，縦横それぞれを $4!=24$ 通りに並べ換えられるので，それぞれの解には自明な 1152 通りの並べ換えがある．

42. グルッと一周

5 個の隣り合う数を A, B, C, D, E とすると，これらのあとにそれぞれの反対側にある数 A', B', C', D', E' が続く．隣り合う 2 個の数 A, B と，それらの反対側にある数 A', B' を考える．このとき，$A+B=A'+B'$ となってほしいが，これは $A-A'=B'-B$ という

ことと同じである．同じことが次の隣り合う対についても成り立つので，$A - A' = B' - B = C - C' = D' - D = E - E' = (A')' - A'$ でなければならない．最後の等号は奇数個の対がある場合にのみ成り立つので，$1, \ldots, 8$ を同じように並べようとしても解にはならない．もとの 10 個の数を使った場合では，その 10 個の数を，等しい差 d をもつ 5 個の対に分けなければならない．少し試行錯誤すると，共通の差 d が 1 または 5 のときにだけ，このような 5 個の対に分けられ，d によってその 5 個の対が決まることが分かる．これらの対を，対の大きいほうの数と小さいほうの数が交互になるように円周上に並べると，すべてこの問題の解になる．たとえば，差が 5 の場合には，5 個の対は $(1, 6), (2, 7), (3, 8), (4, 9), (5, 10)$ となり，解 $1, 7, 3, 9, 5, 6, 2, 8, 4, 10$ が得られる．差が 1 の場合には，一つの解は $1, 4, 5, 8, 9, 2, 3, 6, 7, 10$ になる．1 の位置を固定すると $4! = 24$ 通りの解があるが，そのうちの半分は残りの半分の鏡像なので，実際に相異なる解は $d = 5$ の場合に 12 通り，$d = 1$ の場合に 12 通りで，合計すると 24 通りになる．

［共通の差 d のとりうる値は次のようにして決めることができる．小さいほうから d 個の数は，それよりも d だけ大きい数と対になることができるので，小さいほうから $2d$ 個の数が対を作る．たとえば，$d = 2$ ならば，1 と 3，2 と 4 が対にならなければならない．すると，次に小さい $2d$ 個の数も同様にして対にならなければならず，と続くので，$2d$ は 10 の約数，すなわち，d は 5 の約数でなければならない．一般には，n を奇数とするとき，$2n$ 個の数があれば，d は n の約数でなければならず，それぞれの約数に対して n 個の対を作ることができる．このようにして作られた対から，それぞれ $(n-1)!/2$ 個の解が得られる．］

43. 砂時計形

数 $A, B, \ldots, G$ は，数 $1, 2, \ldots, 7$ を並べ換えたものであるから，こ

れらをすべて足し合わせると $1 + 2 + \cdots + 7 = 28$ になり，これを T で表す．定和，すなわち，それぞれの直線に沿った数の和を S とする．水平方向に見ると，$2S + D = T$ であることが分かる．中心を通る線を見ると，$3S = T + 2D$ であることが分かる．これらは一意な解 $S = 12, D = 4$ をもつ．（したがって，問題として定和 S の値を与えることもできた．しかし，とりうる値が 1 通りしかないと分かるほうがもっと楽しめる．）そうすると，$A + G = B + F = C + E = 8$ であり，これは，対 $(A,G), (B,F), (C,E)$ が $(1,7), (2,6), (3,5)$ を並べ換えたものであるときにだけ成り立つ．$A = 1, G = 7, (B,F) = (2,6), (6,2), (C,E) = (3,5), (5,3)$ はそのような解の一つである．しかし，$A + B + C = 12$ となるためには $B = 5, C = 6$ としなければならない．したがって，解は本質的に一意であるが，A, B, C の並べ換えは $3! = 6$ 通りあり，上段と下段を入れ換えることができるので，等価な 12 通りの見かけ上の配置がある．

44. 定和 67 の魔方陣

4×4 の魔方陣が連続する 16 個の数 $a+1, a+2, \ldots, a+16$ で作られているならば，これらの数すべての和 $8(2a+17)$ は定和 C の 4 倍でなければならないので，$C = 2(2a+17) = 4a+34$ である．したがって，C を 4 で割ると余りは 2 でなければならず，67 は連続魔方陣の定和にはなりえない．$a = 0$ の場合には，このような標準的な魔方陣の例は数多くあり，それぞれの値に a を加えることで定和を $4a$ だけ増加させることができる．したがって，$4a + 34$ の形をしたすべての定和に対して連続魔方陣を作ることができる．正の数だけを許すのであれば，定和は $34, 38, 42, \ldots$ になる．0 も許すならば 30 を定和とする魔方陣も得られるが，それよりも小さい定和を作るには負の数が必要になる．

第 3 章

8	11	<u>15</u>	1		8	11	14	1
<u>14</u>	2	7	12		13	2	7	12
3	<u>17</u>	9	6		3	16	9	6
10	5	4	<u>16</u>		10	5	4	15

それ以外の定和を作るテクニックは，私の隣人が用いた魔方陣の中で暗に使われている．その魔方陣のそれぞれの数から 8 を引くと，左側の魔方陣が得られる．これは，大きいほうから 4 個の下線を引いた数が 1 だけ大きいことを除けば，ほぼ標準的な魔方陣である．詳しく見ると，この 4 個は，足し合わせて定和にならなければならない 10 本の並びそれぞれにちょうど 1 個ずつあるように割り振られている．その結果として，この 4 数それぞれを 1 だけ減じると，その右に示した標準的な魔方陣になる．この魔方陣では，10 本のそれぞれの並びで，1–4, 5–8, 9–12, 13–16 という 4 グループそれぞれからちょうど 1 個の数が使われるように配置されている．（このようなパターンはどれも同じであることに注意せよ．）その結果，大きいほうから 4 個の数に 1 を加えると定和が 1 だけ増加し，大きいほうから 8 個の数に 1 を加えると定和は 2 だけ増加し，大きいほうから 12 個の数に 1 を加えると定和は 3 だけ増加する．これらの方陣は，それぞれほぼ連続する整数の集合を用いている．すべての数に 1 を加えると，すでに調べたような連続する整数の集合が用いられて定和は 4 だけ増加する．その結果として，4 刻みで近づけてから 1, 2, 3 だけ増やすことで，34 以上の任意の定和を実現することができる．定和が 4 で割ると 2 余るならば，連続する数でその定和を作ることができるが，それ以外の場合はほぼ連続する数を用いなければならない．ゼロを許すならば，30, 31, 32, 33 を定和とすることもできる．それよりも小さい定和では，負の数が必要になる．

1995 年に同僚のシモン・ナイチンゲールは，バルセロナのサグラダ・

ファミリア教会の西側の受難のファサード[訳注16]に定和が33のほぼ連続魔方陣があると教えてくれた．その後，それを見に行った．ガイドブックはそれを，33を定和とするクリプトグラム (cryptogram) と呼んでいた．33は，受難にあったときのキリストの年齢である．このクリプトグラムは，次の左の魔方陣である．

1	14	14	4		1	14	<u>15</u>	4
11	7	6	9		<u>12</u>	7	6	9
8	10	10	5		8	<u>11</u>	10	5
13	2	3	15		13	2	3	<u>16</u>

左の魔方陣は右の魔方陣の下線の数から1を引いて変形させたものである．右の魔方陣は最古かつもっともよく知られた 4×4 の魔方陣の一つである．右の魔方陣を $180°$ 回転させたものはデューラーの有名な銅版画『メランコリアI』にある．しかしながら，私は重複する値が存在することが不満で，とくに前述のように0を値として使うことになるが，重複なしにほぼ連続する数で魔方陣を作った．具体的には次のような魔方陣になる．

8	11	15	0
14	1	7	12
2	17	9	6
10	5	3	16

45. 三角陣

与えられた図において，S を求めるべき定和とすると，$A+B+D = A+C+F = D+E+F = S$ にしたい．A から F までの数は1から6までの数を並べ換えたものなので，$A+\cdots+F = 1+\cdots+6 = 21$ である．3辺の和を足し合わせると，$A, \ldots, F$ のすべてを使うが A, D, F

[訳注16] 一般に，建築物の正面部分の外観をファサードと呼ぶ．

は重複しているので，$3S = 21 + A + D + F$ が得られる．このことから，$A + D + F$ の値を T で表すと，T は 3 の倍数でなければならない．T の最小値は $1 + 2 + 3 = 6$，最大値は $4 + 5 + 6 = 15$ なので，T の値としてとりうるのは 6, 9, 12, 15 の 4 通りだけである．A, D, F の値から T と，それによって S が決まり，それから B, C, E の値が決まるので，T のこれらの値を作り出すすべての場合を試してみなければならない．このとき，図形の対称性から $A < D < F$ と仮定することができる．

$T = 6$ ならば，$S = 9$ であり (A, D, F) のとりうる値は $(1, 2, 3)$ だけなので，左端の三角形が得られる．

$T = 9$ ならば，$S = 10$ であり (A, D, F) のとりうる値は $(1, 2, 6)$, $(1, 3, 5)$, $(2, 3, 4)$ である．最初の場合には $B = 7$ でなければならないし，3 番目の場合には $C = 4$ でなければならない．一方，2 番目の場合はうまくいって，左から 2 番目の三角形が得られる．

$T = 12$ および $T = 15$ についても同じように続けることができるが，これらの問題には標準的な対称性がある．すべての数 X を $7 - X$ で置き換えると，S と T の値はそれぞれ $21 - S$ と $21 - T$ で置き換わる．したがって，$T = 6$ に対する解は $T = 15$ に対する解と対称性があり，$T = 9$ に対する解は $T = 12$ に対する解と対称性がある．万全を期するために，それらの解も 3 番目および 4 番目の三角形としてあげておくが，それらは最初の二つの三角形と対称な形になっている．

```
    1           1           6           6
  6   5       6   4       1   3       1   2
 2 4 3       3 2 5       4 5 2       5 3 4
```

46．差が一定の三角形 (1)

少し試してみると，6 を辺の中央に置けないことが分かるので，6 は一番上の頂点にある．すなわち，$A = 6$ と仮定することができる．

このとき，D と F の値からほかの値が決まり，また，$D < F$ と仮定することができる．このことから，10対の値だけを調べると，すぐに D も F も 3 になりえないことが分かって，6 通りの場合だけに減る．$(D, F) = (1, 2), (1, 4), (1, 5), (2, 4), (2, 5), (4, 5)$ を順に試してみると 2 番目と 5 番目の場合だけがうまくいって，次の 2 解が得られる．

```
      6           6
   5 2         4 1
  1 3 4       2 3 5
```

実際には，B と C も 3 になりえないことが分かるので，$E = 3$ となり，これからすぐに前述の 2 通りの場合だけに帰着される．差をとっているために通常の対称性の議論は使えないが，この二つの解の間にはある種の対称性がある．

47. 円形陣 (1)

それぞれの円における定和を S とすると，$A + C + D + E = A + B + D + F = E + B + C + F = S$ にしたいというのがこの問題の条件である．これらを足し合わせると $2(A + B + C + D + E + F) = 3S$ が得られる．しかし，A, B, C, D, E, F は，$1, 2, \ldots, 6$ を並べ換えたものなので，$A + B + C + D + E + F = 1 + 2 + 3 + 4 + 5 + 6 = 21$ であり，したがって $S = 14$ が唯一の可能な定和である．次に，$A + B + D + F = 14$ から $C + E = 7$ となり，式の対称性から $A + D = B + F = 7$ になる．しかし，1 から 6 までの数字の中から 2 個を足し合わせて 7 になるのは $1 + 6, 2 + 5, 3 + 4$ の 3 通りしかない．これら 3 組の数字を $(A, D), (B, F), (C, E)$ という 3 組の位置に割り当てるとすべての解が得られる．そのような割り当ては，$3! \times 2^3 = 48$ 通りある．しかしながら，数の配置を回転させたものは同じ解と考える場合には 16 通りの異なる解がある．さらに，裏返しも同じ解と考えるならば 8 通りの異なる解があり，それらを列挙すると次のようになる．

$$ABCDEF = 123645, 124635, 153642, 154632,$$
$$623145, 624135, 653142, 654132.$$

48. 円形陣 (2)

定和を S とする．足し合わせて定和 S になる直径は 5 本ある．これらをすべて足し合わせた $5S$ は，1 から 11 までの数すべての和に中央の値 C を 4 回余計に加えたものである．すなわち，$5S = 66 + 4C$ になる．$66 + 4C$ が 5 で割り切れるためには，C は $1, 6, 11$ でなければならず，それぞれ S は $14, 18, 22$ になる．それぞれの場合，直径の両端は，利用可能な最大の数と最小の数，次に大きい数と次に小さい数，というように組になっていなければならない．たとえば，$C = 6$ の場合の直径の両端は $(1,11), (2,10), (3,9), (4,8), (5,7)$ になる．これらの直径は，何通りにも配置することができるが，大した違いはない．5 本の直径は，$5! = 120$ 通りに並べ換えることができ，それぞれの直径の両端を入れ換えることができるので，それを $2^5 = 32$ 倍した 3840 通りの異なる配置がある．回転（または回転および裏返し）によってほかの配置になるものは同じ配置であることを受け入れるならば，この数を 10（または 20）で割って，相異なる配置は 384 通り（または 192 通り）になる．$C = 1$ に対する解は，すべての数 i を $12 - i$ で置き換えることによって，$C = 11$ に対する解と双対であることに注意せよ．

49. 4 辺の和が一定

S を定和とする．和が S になる数の並びをすべて足し合わせると，すべての数を含んでいて，A, D, F, I はそれぞれ 2 回現れる．ただし，10 個の数の和は $1 + 2 + \cdots + 10 = 55$ である．$A + D + F + I = T$ とすると $4S = 55 + T$ になる．ここで T は，$1 + 2 + 3 + 4 = 10$ 以上，

$7+8+9+10=34$ 以下でなければならない．したがって，$4S$ は 65 以上 89 以下でなければならないので，$S = 17, 18, 19, 20, 21, 22$ である．4 個の数を足して対応する T になるすべての組合せを見つけようとしたが，面倒くさくなって，すべての解を求めるプログラムを書いた．このプログラムによって，10 通りの解が見つかった．実際のところ，当初もっと多くの解が出力されたので，隅の値のうち A が最小で，$B < C$ および $H < G$ であることをチェックするようにした．これによって解の個数は 16 分の 1 に減った．その解は次のとおりである．

```
  1 4 7 6        2 3 8 5        1 4 5 9        1 5 7 6        1 5 6 7
  9   10        10   9         10   7         8    9          8    9
  8 3 5 2        6 1 7 4        8 2 6 3       10 2 3 4       10 2 4 3


  3 1 10 5       2 3 6 9        3 2 5 10       6 3 5 8        6 1 5 10
  9    8         8    7         9    6         7    4         7    4
  7 2 4 6       10 1 5 4        8 1 7 4        9 1 2 10       9 2 3 8
```

50. 平方三角陣

S を定和とすると，

$$S = A+B+C+D = D+E+F+G = G+H+I+J$$

となる．$T = A+D+G$ とする．和が S になる 3 辺を足し合わせると，9 個の整数 $1, 2, \ldots, 9$ のうち 3 個の頂点の値 A, D, G が重複したものになる．$1+2+\cdots+9 = 45$ であることを思い出すと，$45 + T = 3S$ が得られる．ここで，T は $1+2+3 = 6$ 以上，$7+8+9 = 24$ 以下なので，$51 \leq 3S \leq 69$ すなわち $17 \leq S \leq 23$ である．この S のそれぞれの値と対応する T に対して，足し合わせて T になる三つ組 (A, D, G) のすべての組合せを見つけ，三角形の残りの値を埋めれば

よい．これを手作業でやってはみたが，それほど几帳面ではないのでプログラムを書いてみたら，手作業にはいくつかの誤りがあることが分かった．解は次の18通りで，それぞれを $ABCDEFGHI$ の順に列挙する．

1 5 9 2 4 8 3 6 7, 1 6 8 2 5 7 3 4 9, 1 5 9 4 2 6 7 3 8,
1 6 8 4 3 5 7 2 9, 2 5 9 3 1 8 7 4 6, 2 6 8 3 4 5 7 1 9,
1 6 8 5 2 4 9 3 7, 2 4 9 5 1 6 8 3 7, 2 6 7 5 3 4 8 1 9,
3 4 8 5 2 6 7 1 9, 4 2 9 5 1 8 6 3 7, 4 3 8 5 2 7 6 1 9,
3 4 8 6 1 5 9 2 7, 3 5 7 6 2 4 9 1 8, 3 2 9 7 1 5 8 4 6,
3 5 6 7 2 4 8 1 9, 7 2 6 8 1 5 9 3 4, 7 3 5 8 2 4 9 1 6.

これらのうち一つだけが，それぞれの辺に沿った数の平方の和も一定であるという性質をもつ．それは，8番目の解 2, 4, 9, 5, 1, 6, 8, 3, 7 で，平方の和は126である．

51. 差が一定の三角形 (2)

下段の3個の値が残りの3個の値を決める．6は，2数の差にはなりえないので下段に置かなければならない．縦軸に関して解を裏返しても本質的には何も変わらないので，$D < F$ と仮定してよい．これでも，30通りの場合を考えなければならない．しかし，そのうちのほとんどはすぐに解にならないことが分かり，数分ほどの作業で次の4通りの解が見つかる．

$$(A, B, C, D, E, F) = (3, 5, 2, 1, 6, 4), \quad (3, 4, 1, 2, 6, 5)$$
$$(2, 3, 5, 4, 1, 6), \quad (1, 3, 4, 5, 2, 6)$$

52. 差が一定の三角形 (3)

S を定和とすると，$S = A+D-B = A+F-C = D+F-E$ である．これらをすべて足し合わせると，$3S = 2(A+D+F)-(B+C+E)$ になる．右辺の第1項に $A+D+F$ を加え，第2項から $A+D+F$

を引くと，

$$3S = 3(A+D+F) - (A+B+C+D+E+F)$$
$$= 3(A+D+F) - 21$$

となるので，$S = A+D+F-7$ である．一方，$6 = 1+2+3 \leq A+D+F \leq 4+5+6 = 15$ なので $-1 \leq S \leq 8$ である．この問題は回転させたり裏返したりしても性質は変わらないので，$A < D < F$ と仮定してよい．これで，20通りの場合を調べなければならないが，A, D, F は S に等しくなりえない．そのいずれかが S と等しくなると，2個の値が等しくなってしまうからである．これで，調べる場合は8通りに減り，それぞれの場合が問題の解になる．$ADFBCE = 123456$, 124356, 135246, 145236, 236145, 246135, 356124, 456123.

それぞれの値 X を $7-X$ で置き換えると，和 S は $7-S$ に変わり，先頭の4通りの解は末尾の4通りの解に変換される．

53. サイコロ魔方陣

あきらかに，与えられた解を回転させるとほかの3通りの解になる．これはもとの問題では除外されていなかったが，このような4通りの解は同じと考えるのが自然である．しかし，すべてのマスが3であるような解があることもあきらかだろう．

A	B	C
D	E	F
G	H	I

参照できるように，それぞれのマスに図のように名前をつける．

解に6が現れるならば，6を通る任意の直線上にあるほかの二つのマスは1と2でなければならない．6が隅のマス，たとえば A に現れるならば，C, E, G はすべて1か2でなければならないが，それらを

足し合わせても9にはなりえない。6が中央のマスに現れるならば、そのほかのマスはすべて1か2でなければならないが、それはあきらかに不可能である。6が辺の中央のマス、たとえばBに現れるならば、AとCの一方は1でなければならない。そこで$A=1$と仮定する。このときEは1か2でなければならない。そして、唯一の可能性は、$E=2, I=6$であるが、6は隅のマスに現れえないことをすでに示している。したがって、6が解に現れることはない。

次に、5が現れるかどうか考える。このとき、5を通る直線上にあるほかのマスは$1, 2, 3$のいずれかでなければならない。5が隅のマス、たとえばAに現れるならば、C, E, Gは$1, 2, 3$のいずれかでなければならず、それらを足し合わせて9にするには、それらがすべて3で、解は次の図のようになるしかない。

5	1	3
1	3	5
3	5	1

5が中央のマスに現れるならば、そのほかのマスはすべて$1, 2, 3$のいずれかでなければならず、それらはすべて3にならざるをえない。5が辺の中央のマス、たとえばBに現れるならば、AとCの一方は1か2でなければならない。$A=1$と仮定すると、$E=1, 2, 3$であり、$A+E+I=9$となる。すると、$E=1$は小さすぎる。$E=2$ならば、$I=6$となってしまうが、これはすでに排除されている。$E=3$ならば$I=5$となるが、これはすでに検討した場合であり前述の解を回転させたものになる。しかし$A=2$となりうるし、その場合には$C=2$である。この場合もEのとりうる値を調べると次のような解が見つかる。

2	5	2
3	3	3
4	1	4

あとは 1, 2, 3, 4 だけを使った解を探す必要がある．1 が現れるのは，1 を通る任意の直線上にあるほかのマスがともに 4 である場合だけであり，1 は隅のマス，中央のマス，辺の中央のマスに現れえないことが簡単に分かる．これであとは 2, 3, 4 だけを使った解を考えればよい．一直線上に現れることのできる三つ組は，2, 3, 4 を並べ換えたものか 3, 3, 3 だけである．隅のマスがすべて 3 ならば，すべてのマスが 3 の解が得られる．そうでなければ，ある隅のマス，たとえば A は 2 でなければならない．上段が 2, 3, 4 および 2, 4, 3 である場合を試してみると，後者の場合だけから解が得られ，それは問題に示した解を回転させたものになる．

このようにして 4 通りの異なる解が得られた．そのうちの 3 通りの解はそれぞれ 4 通りの回転形があるので，回転を同一視しないならば 13 通りの解になる．これは，計算機を用いて簡単に確認できる．読者は，値の範囲を $1, 2, \ldots, N$ にしたり，行の和を異なる値にしたりして考えてみるとよいだろう．少しばかり代数的な式変形を行うと，E はそれぞれの行の和の 3 分の 1 であることが示せる．これによって前述の議論が単純になるだろう．

54. ドミノ魔方陣

これは，次の図に数字 $1, 2, \ldots, 8$ を使って，それぞれの辺に沿った三つ組の和が同じになるようにせよという問題である．この三つ組の和を S で表す．

A	B	C
H		D
G	F	E

すなわち, $A+B+C=S=C+D+E=E+F+G=G+H+A$ としたい. $A+B+\cdots+H=1+2+\cdots+8=36$ であることに注意せよ. 横方向の和を考えると $2S+D+H=36$ が得られ, 同じように縦方向の和を考えると $2S+B+F=36$ が得られるので, $B+F=D+H$ である. まず, $B+F$ は $1+2=3$ にまで小さくすることもできるが, そうすると $D+H=3$ となるような D と H を見つけようがない. 実際, $B+F=D+H$ のとりうる最小値は $5=1+4=2+3$ である. 同様にして, その最大値は $13=8+5=6+7$ である. したがって $23 \leq 2S \leq 31$ であり, $2S$ は偶数なので $24 \leq 2S \leq 30$ が得られ, S のとりうる値は $12, 13, 14, 15$ である. それぞれの数 x を $9-x$ で置き換えると, S は $27-S$ に変わるので, $S=12, 13$ の場合だけを調べる必要がある. それぞれの場合に, $B+F=D+H=12, 10$ となる.

それぞれの場合に, 和が S になるような三つ組はそれほど多くない.

和が 12 になる三つ組　$(5,4,3)$, $(6,5,1)$, $(6,4,2)$, $(7,4,1)$, $(7,3,2)$, $(8,3,1)$

和が 13 になる三つ組　$(6,5,2)$, $(6,4,3)$, $(7,5,1)$, $(7,4,2)$, $(8,4,1)$, $(8,3,2)$

$S=12$ の場合は, $B+F=D+H=12$ であり, 解は $8+4=7+5$ だけである. そして, これらは魔方陣のそれぞれの辺の中央に置かれなければならない. この辺の中央に置かれる値を 2 個使っている 1 番目と 4 番目の三つ組は, この魔方陣では起こりえない. これで, ちょうど 4 辺の三つ組が残り, 解は本質的に次の一つだけである.

$(A, B, \ldots, H) = (1, 8, 4, 3, 6, 2, 5, 7)$

$S = 13$ の場合は，$B + F = D + H = 10$ であり，こうなる対は $8 + 2$，$7 + 3$，$6 + 4$ の3通りある．ここで，1はどの対にも現れないので，1は辺の中央に置くことはできず，したがって隅に置かれなければならない．同じようにして5は隅に置かなければならないので，一つの辺に沿って $1, 7, 5$ がなければならず，1を通るもう一つの辺は4と8を含まねばならない．4と8の2通りの順序によって2通りの解 $(1, 7, 5, 6, 2, 3, 8, 4)$ と $(1, 7, 5, 2, 6, 3, 4, 8)$ が得られる．

$S = 14, 15$ の場合の2通りと1通りの解を勘定に入れると，全部で6通りの解がある．ただし，それぞれの解は回転および裏返しによって8通りの形式になる．

55. 一般化魔方陣

まず，3個の相異なる数字の和として少なくとも2通りに表すことのできる奇数 T から考えることにした．3個の相異なる数字の和の最小値は $6 = 1 + 2 + 3$ である．しかし T は奇数なので，$T = 7$ から始める．これは，3個の異なる数字の和としては $1 + 2 + 4$ の1通りでしか表すことができないので，$T = 7$ は除外することができる．

次に，$T = 9 = 6 + 2 + 1 = 5 + 3 + 1 = 4 + 3 + 2$ を考える．このとき，$S = 18 = 9 + 8 + 1 = 9 + 7 + 2 = 9 + 6 + 3 = 9 + 5 + 4 = 8 + 7 + 3 = 8 + 6 + 4 = 7 + 6 + 5$ となる．E の値は T を表す和に2回現れなければならないので，$1, 2, 3$ のいずれかでなければならない．しかし，E は，18を表す和にも3回現れなければならないので1や2にはなりえない．したがって $E = 3$ であり，回転や裏返しを除くと次のように $5 + 3 + 1$ と $4 + 3 + 2$ を和に用いる1通りしかない．

A	1	C
2	3	4
G	5	I

18 を表す和として 1 を含むものは 1 通りしかないので，上辺は 8, 1, 9 か 9, 1, 8 でなければならない．しかし，18 を表す和に 8 と 2 が同時に現れるようなものはないので $A = 9$ となり，これから $C = 5, G = 7$, $I = 6$ が得られ，（回転や裏返しを除くと）解は一意である．

$T = 11, 13, 15$ の場合も，同様ではあるがもっと長ったらしい場合分けになる．$T = S = 15$ の場合は通常の魔方陣であり，回転や裏返しを除くと一意な解しかないことが分かっている．数字 X をそれぞれ $10 - X$ で置き換えると，T, S をそれぞれ $30 - T, 30 - S$ に置き換えた解が得られるので，$T = 17, 19, 21, 23$ の場合は，それぞれ $T = 13, 11, 9, 7$ の場合の双対になり解を調べる必要はない．驚いたことに，$T = 11$ および $T = 13$ の場合には解がないことが分かった．当初，解を一つ見つけたが，このような問題ではすぐに間違いを犯すことが分かっているので簡単なプログラムを書いて自分の結果を確認した．すると，見つけたと思った解は見つからず，確認すると実際には間違いを犯していたことが分かった．

おそらく，このパズル本の著者はこの作業をすべて行ったのだろうが，このようなきれいな答えになる問題はこれまでに見たことがなく驚いた．

56. 7 の魔力

$A + B + C = E + F + G = S$ とすると，$2S + D$ は 7 個の数すべてを含むので，$1 + 2 + \cdots + 7 = 28$ に等しくなければならない．

また，$A + D + G = E + D + C = B + D + F = S$ なので，$3S = 28 + 2D$ となる．これと $2S + D = 28$ を合わせると，$S = 12$,

$D = 4$ が求まる.

次に, $A + E = 12$ となる解は $7 + 5$ か $5 + 7$ しかない. 対称性を考えると, $A = 7$, $E = 5$ としてよい. このとき, すべての値が $(A, B, C, D, E, F, G) = (7, 2, 3, 4, 5, 6, 1)$ と決まる. したがって, 解はこの一つと, それを横向きの二等分線に関して裏返したものだけである.

第4章

57. 単位の取り違え

A, B, C を,それぞれポンド,シリング,ペンスの額とする.このとき,総額をペンスで表すと $V = 240A + 12B + C$ になる.私が単純に二つの値,たとえば A と B を取り違えたのであれば,取り違えた総額は $W = 240B + 12A + C$ であっただろう.$V = W$ とすると $228A = 228B$ になり,したがって $A = B$ であり,これは実際には取り違えていない.A と C を取り違えた場合や,B と C を取り違えた場合も,同じような論法が当てはまる.したがって,私は A, B, C と書く代わりに B, C, A または C, A, B と額を順送りに一つ前または後ろにずらして書いてしまったにちがいない.後者の場合は前者の場合の逆なので,前者の場合だけを考えればよい.すると,私の取り違えた額 W は $240B + 12C + A$ になる.$V = W$ とすると
$(*)$ $239A = 228B + 11C$ が得られ,A, B, C をすべて負でもなく等しくもないようにしたい.この方程式 $(*)$ には,任意の A に対して $A = B = C$ となる自明な解がある.この解から得られる

$$239A = 228A + 11A$$

から $(*)$ を引くと,$0 = 228(A - B) + 11(A - C)$ が残る.11 と 228 には公約数はないので,11 が $A - B$ の約数になるか,228 が $A - C$ の約数になる場合にしかこの式は成り立たない.$K = (A - B)/11 = -(A - C)/228$ とすると,$B = A - 11K, C = A + 228K$ が得られ

る．最初に A, B, C が等しくなく負でない整数になるのは $A = 11$ の場合で，このとき $K = 1$ ととることができ，$(A, B, C) = (11, 0, 239)$ が得られる．この金額は 11 ポンド 19 シリング 11 ペンスで，これは $(A, B, C) = (0, 239, 11)$ と同額であり，最小解である．すっかり 239 ペンスだと思い込んでいたという事実が，私がどのように取り違えたかを端的に示している．

[(A, B, C) のそれぞれに 1 を加えていくと，$(12, 1, 240), (13, 2, 241)$ という解が順に得られ，これが $A = 21$ まで続く．$A = 22$ になると，これ以外に $K = 2$ に対する解があり，$(22, 11, 250)$ と $(22, 0, 478)$ という 2 通りの解が得られる．A が大きくなって 228 に達すると，$K = -1$ とすることもできる．一般に，K は $-A/228$ 以上 $A/11$ 以下の 0 でないすべての整数値をとることができる．$[X]$ によって X の整数部分を表すことにすると，与えられた A に対する解の個数は $[A/11] + [A/228]$ である．]

58. 両替不可 (1)

1 ポンドを両替することができず，かつ 1 ポンド未満の硬貨だけでもつことができる最高額は 1.43 ポンドである．サラは，50 ペンス 1 枚，20 ペンス 4 枚，5 ペンス 1 枚，2 ペンス 4 枚をもっていた．これではどんな硬貨も両替することができない．

[米国では 1.19 ドルをもつことができる．内訳は 50 セント 1 枚，25 セント 1 枚，10 セント 4 枚，1 セント 4 枚である．あるいは 25 セント 1 枚，10 セント 9 枚，1 セント 4 枚でもよい．前者の場合にはどのような硬貨も両替することができないが，後者の場合には 50 セント硬貨を両替することができる．

カナダでは米国と同じ金額をもつことができるが，内訳は 25 セント 3 枚，10 セント 4 枚，1 セント 4 枚か，25 セント 1 枚，10 セント 9 枚，1 セント 4 枚のいずれかである．いずれの場合も，どのような硬

59. 全種類に両替

サラはそれぞれの硬貨を少なくとも1枚ずつ使ったのだから，すでに $50+20+10+5+2+1=88$ ペンスになっていて，まだ両替されていないのは12ペンスだけである．この12ペンスがどのように両替されるとしても，あきらかに使われるのは $1, 2, 5, 10$ ペンス硬貨である．この両替の仕方を表すのに指数を用いる．たとえば，$5^1 2^2 1^3$ は $5+2+2+1+1+1$ を表す．すると，次の15通りの解がある．

$$10^1 2^1, \ 10^1 1^2,$$
$$5^2 2^1, \ 5^2 1^2, \ 5^1 2^3 1^1, \ 5^1 2^2 1^3, \ 5^1 2^1 1^5, \ 5^1 1^7,$$
$$2^6, \ 2^5 1^2, \ 2^4 1^4, \ 2^3 1^6, \ 2^2 1^8, \ 2^1 1^{10},$$
$$1^{12}$$

サラがこれらのいずれにでも両替できるだけの硬貨をもっているとしたら，88ペンスに加えて，10ペンス1枚，5ペンス2枚，2ペンス6枚，1ペンス12枚をもっていなければならず，合計は1.32ポンドになる．

1ポンドを両替するやり方の総数を計算するのはもっと骨が折れるので，計算機に委ねたほうがよい．計算機では4562通りが見つかった．言うまでもなく，これらをわざわざ印刷したりはしなかった．1ポンド硬貨に両替することも含めるならば，もう1通り増える．今となっては英国では見かけない1ポンド紙幣を両替するように求められたならば，これを含めてもよいだろう．

［米国の通貨では，この論法を使うと $50+25+10+5+1=91$ セントがすでに使われていなければならず，残りは9セントだけである．合計が9セントになる硬貨の組合せは，1セント9枚か，1セント4枚と5セント1枚の2通りである．この両方の両替ができるためには，総額は1.05ドルになる．1ドルを両替するやり方は292通りある．

カナダの通貨では，すでに $25+10+5+1=41$ セントが使われていなければならず，残りは 59 セントである．合計が 59 セントになる硬貨の組合せは 69 通りあり，これらのいずれにも両替できるためには 2.20 カナダドルが必要になる．これらの解のうちの 6 通りは，それぞれの硬貨を少なくとも 2 枚ずつ使う．1 カナダドルを両替するやり方は 60 通りある．]

60. 両替不可 (2)

実際には，起こりうる場合は何通りもある．おそらくもっとも単純なのは，2 ポンド硬貨しかもっていない友人に 2 ポンドを払わなければならない場合である．あるいは，1 ペンス硬貨をもっていない友人に 4.99 ポンドを払わなければならない場合でもよい．あるいは，20 ペンス硬貨と 50 ペンス硬貨しかもっていない友人に 4.90 ポンドを払わなければならない場合でもよい．これらの基本解には多くの変形がある．

米国では，たまに手に入る 2 ドル札でこのようなことが起こる．米国には 2 セント硬貨がないので，4.99 ドルの場合はうまくいかない．米国には 25 セント硬貨があるので，英国での最後の場合は，10 セント硬貨と 25 セント硬貨しかもっていない人に 4.95 ドルを払わなければならない状況に置き換わる．

[このアイディアは 1935 年の米国の書籍で見つけた．その書籍では，ある男が 5 セントを払わなければならず，彼の友人は 1 ドル札ではお釣りを払えないが，5 ドル札だとお釣りが払えるというものだ．私はこの問題を解くことができず答えを見なければならなかったが，その答えは 2.50 ドル金貨と 2 ドル紙幣を使っていた．(1916 年の書籍でもこの問題を見つけた．) 昔の英国の通貨であれば，さらに多くの解を作ることができる．実際，17 世紀から 19 世紀の教科書にあるよく知られた問題は，友人に 100 ポンドを支払いたいとき，ギニー金貨

（＝21シリング＝1.05ポンド）しかもっておらず，友人はピストール金貨（＝17シリング＝0.85ポンド相当）しかもっていないというものだ．］

61. 昔の通貨

ポンドの額を P とし，シリングの額を S とすると，$S < 20$ である．このとき，P ポンド S シリングは $20P + S$ シリングに等しい．ポンドとシリングの額を交換すると，S ポンド P シリングになる．これは $20S + P$ シリングに等しく，それが $40P + 2S$ に等しくなってほしい．このことから $18S = 39P$ が得られ，その結果として $6S = 13P$ になる．$S = P = 0$ は除外するまでもない自明な解である．$0 < S < 20$ であるような唯一の解は $S = 13$, $P = 6$，すなわち 6 ポンド 13 シリングである．

昔の通貨を使わなければならなかった理由をみるために，通貨体系が B 進法だったと仮定しよう．このとき，期待する関係式は $SB + P = 2PB + 2S$ になり，したがって $(B - 2)S = (2B - 1)P$ である．この最後の等式を調べるには少し整数論が必要になるので，この等式から $P \leq S$ になることが分かると述べるだけにしておく．ここで，$SB + P = 2PB + 2S$ の下の桁である $2S$ を考えてみよう．$2S < B$ ならば，この式の一の位は P と $2S$ で，それらは等しくなければならない．しかし，そうすると $SB = 4SB$ になり，これが成り立つのは $S = 0$ の場合だけであり，$P = 0$ になってしまう．したがって $2S \geq B$ でなければならないが，$S < B$ ならば $B \leq 2S < 2B$，すなわち一の位から 1 だけ繰り上がる．その結果として $P = 2S - B$, $2P + 1 = S$ になる．これらの結果を合わせると，$3P = B - 2$ となり，この P が解をもつのは $B - 2$ が 3 の倍数であるとき，そしてそのときに限る．$B = 20$ の場合はうまくいくが，$B = 100$ の場合はダメである．（S について解くと $3S = 2B - 1$ が得られ，S に解があるの

は，P に解があるとき，そしてそのとき限ることが簡単に分かる．)

62. 得した取り違え (1)

ジェシカの小切手は A ポンド B ペンスであったと仮定しよう．あきらかに $99 \geq B \geq 0$ であり，取り違えが生じるためには $99 \geq A \geq 0$ もみたさなければならない．ジェシカは得をしたのだから，$B > A$ である．すべての額をペンスに換算すると，ジェシカの小切手の額は $C = 100A + B$ ペンスで，それを入れ替えた $R = 100B + A$ ペンスを受け取ったことになる．ジェシカの儲け P は $R - C = 99(B - A)$ である．$P > 0$ すなわち $B > A$ なので，最小の儲けは 99 ペンスであり，これは $B = A + 1$ のときに生じる．$A = 0, B = 1, C = 00.01$ ポンド，$R = 01.00$ ポンドから始まって，$A = 98, B = 99, C = 98.99$ ポンド，$R = 99.98$ ポンドまで 99 通りの場合がある．最大の儲けは $99 \times 99 = 9801$ ペンスで，これは $B = A + 99$ のときに生じる．そうなるのは $A = 0, B = 99, C = 00.99$ ポンド，$R = 99.00$ ポンドの場合だけである．もちろん，この最後の場合は現実の小切手ではありえないが，$C = 1.99$ ポンド，$R = 99.01$ ポンドならば，97.02 ポンドの儲けになる．

63. 得した取り違え (2)

前問と同じく，ジェシカの小切手は A ポンド B ペンス，すなわち $C = 100A + B$ ペンスであったとしよう．A と B を入れ替えた額は $R = 100B + A$ ペンスになる．これらの比は $R/C = (100B + A)/(100A + B) = (100r + 1)/(100 + r)$ である．ただし，$r = B/A$ は 1 よりも大きいことが与えられている．少し調べると，この比は r とともに増大することが分かる．そのことは，この式を少し変形してみると確かめられる．したがって，r が可能な限り小さいときに 1 よりも大きい比の最小値が生じる．$99 \geq B > A \geq 0$ なので，r の最小

値は 99/98 であり，1 よりも大きい比の最小値は $A=98$, $B=99$, $C=98.99$ ポンド，$R=99.98$ ポンドに対して

$$\frac{9998}{9899} = 1.0100010102030508\cdots$$

となる．無限大も許すならば，r が無限大のとき，すなわち $A=0$ で $R/C = 100$ のときに R/C は最大値をとることが分かるだろう．そうでなければ，$100 - R/C = 9999A/(100A+B)$ を調べると，これは 0 以上であり，0 に等しくなるのは $A=0$ のときであることがわかる．比の値が 100 になる解は，またしても $B=1$, $C=00.01$ ポンド，$R=01.00$ ポンドから $B=99$, $C=00.99$ ポンド，$R=99.00$ ポンドまでの 99 通りある．

第5章

64. ヴェニスの商人

　この問題には，これまでの作者が明確にしないことの多かったごまかしが少しある．ヴェニスでの真珠の値段はパドゥアでの真珠の値段と同じではないのである．パドゥアでの値段のほうが高いと仮定しよう．その逆の場合は単に数値を逆にすればよい．末弟は，パドゥアでの高い値段ですぐ上の兄よりも多くの真珠を売らなければならない．そして，その兄はまたすぐ上の兄よりもパドゥアで多くの真珠を売らなければならない，というように続く．末弟がパドゥアで売ることができるのはたかだか9個である．これは，長兄がパドゥアで売ることができるのはたかだか1個であることを意味する．しかし，長兄がパドゥアで少なくとも1個売ったということは，末弟はパドゥアで9個，ヴェニスで1個売っていなければならず，そのすぐ上の兄はパドゥアで8個，ヴェニスで12個売っていなければならない，というように続く．すると，パドゥアで売った1個の値段は，ヴェニスで売った11個の値段と同じでなければならない．簡単のため，パドゥアでの値段を11とみなし，ヴェニスでの値段を1とみなすと，それぞれの息子はちょうど100を稼いだことになる．

　［この問題は本質的に一意の解しかないが，そのほかの変形を考えると多くの解がありうる．たとえば，3人の息子それぞれに50個，30個，10個の真珠を与えた場合を考えてみてほしい．］

[これらの問題に対する完全な理論を作ったのは，私が最初だと考えている．それは次の2冊に掲載された．一冊はスコット・キム編 *Articles in Tribute to Martin Gardner* pp. 343–356 であり，これはアトランタ国際美術館（現 MODA）で1993年1月16日に始まった展覧会 Puzzles: Beyond the Borders of the Mind のためのものだった．もう一冊はエルウィン・R・バーレカンプ & トム・ロジャース編 *The Mathemagician and Pied Piper: A Collection in Tribute to Martin Gardner* (A. K. Peters, Natick, Massachusetts, 1999) pp. 219–235 である．この問題はきわめて古くからあるが，それに一般的な名前がつけられたことはないようだ．また，マハヴィラ (Mahavira) が850年ごろに，スリダーラ (Sridhara) は900年ごろに，バースカラ (Bhaskara) も1150年にこの問題を扱ったが，問題があまり明確に表現されず，無限に多くの解があった．その後，フィボナッチもこの問題を扱った．最初に印刷された英語のなぞなぞ集 *The Demaundes Joyous* (Wynken de Worde, 1511) にも同種の問題がある．フィボナッチは複数の解を与えた数少ない者の一人である．彼は，かなり一般的な解を生成する規則を与え，50個，30個，10個の問題に5通りの解を与えた．しかし，その解は55通りあり，そのうちの36通りは正整数である．]

65. 試験時間

長さ $b + \frac{1}{2}$ 時間の試験が a 回あるとしよう．このとき，$a(b + \frac{1}{2}) = (10a + b)/2$ となるものを見つけたい．この式を簡単にすると $(2a - 1)(2b - 9) = 9$ になる．この解は，$(a, b) = (1, 9), (2, 6), (5, 5), (0, 0)$ だけである．この最後の解は退化した解である．

66. ギリシアの問題箱

長方形を $a \times b$ とすると，問題の前半は $ab = 2a + 2b$ となるも

のを求めている．これは $(a-2)(b-2) = 4$ と変形でき，その解は $(a,b) = (2,2), (3,6)$ だけである．（解 $(6,3)$ は，$(3,6)$ と同じ長方形である．）

$a \times b \times c$ の箱の体積は abc であり，表面積は $2ab + 2bc + 2ac$ である．したがって，$abc = 2ab + 2bc + 2ac$ となるものを求めている．a, b, c を $a \leq b \leq c$ となるように選ぶことができる．$a > 6$ ならば，b と c も 6 より大きく，$abc/3$ は $2ab, 2bc, 2ac$ より大きいので，箱の体積は表面積より大きい．また $abc > 2bc$ であるから，$a > 2$ が得られる．したがって，a は 3, 4, 5, 6 のいずれかでなければならない．このそれぞれの値を順に試すことによって，b と c に関する 2 次式が得られる．

これを長方形の問題と同じように因数分解すると，次の 10 通りの解が得られる．

$$(a,b,c) = (3,7,42),\ (3,8,24),\ (3,9,18),\ (3,10,15),\ (3,12,12),$$
$$(4,5,20),\ (4,6,12),\ (4,8,8),\ (5,5,10),\ (6,6,6)$$

67. 中東の遺産相続

オマール叔父さんは彼の油井を不動産として貸すことで，この混乱を解決した．これで油井は 42 本になった．長男は 21 本，次男は 14 本，三男は 6 本を受け取り，残った 1 本の油井は感謝とともにオマール叔父さんに返された．

この問題で鍵となるのは $1/2 + 1/3 + 1/7 = 41/42$, すなわち合計が 1 にならない分数である．したがって，整数 $a \leq b \leq c$ で，ある整数 d に対して $1/a + 1/b + 1/c = (d-1)/d$ となり，a, b, c がすべて d の約数になるものを見つけたい．この式を $(*)\ 1/a + 1/b + 1/c + 1/d = 1$ と書き直す．d は a, b, c の公倍数であるから，$a \leq b \leq c \leq d$ である．この解は試行錯誤によって見つけることができる．ただし，

$$1 - \frac{1}{a} - \frac{1}{b} = \frac{1}{n}$$

ならば $1/c + 1/d = 1/n$ になってほしいことに気づけば，多少は早く解を見つけられる．この式から，

$$nc + nd = cd \quad \text{すなわち} \quad cd - cn - dn + n^2 = n^2$$
$$\text{すなわち} \quad (c-n)(d-n) = n^2$$

が得られる．したがって，これらの解は n^2 の約数に対応する．

次の12通りが解になる．

$$(a,b,c,d) = (2,3,7,42), \ (2,3,8,24), \ (2,3,9,18),$$
$$(2,3,12,12), \ (2,4,5,20), \ (2,4,6,12),$$
$$(2,4,8,8), \ (2,5,5,10), \ (2,6,6,6),$$
$$(3,3,4,12), \ (3,3,6,6), \ (4,4,4,4)$$

この解のうちの7通りでは，息子たちの取り分が相異なる．また，d が a, b, c の倍数ではない (*) の擬似解も $(a,b,c,d) = (2,3,10,15)$, $(3,4,4,6)$ の2通りある．家長が3人の息子にそれぞれ油井の1/2, 1/3, 1/10 を残したとしたら $1/2 + 1/3 + 1/10 = 28/30$, すなわち 14/15 になるが，遺された不動産が14本の油井だとオマール叔父さんのやり方ではうまくいかない．なぜなら，15は10で割り切れないからである．しかし，遺された不動産が28本の油井であり，オマール叔父さんが2本の油井を貸してくれればうまくいく．

息子が4人の場合には，97通りの解と50通りの擬似解がある．

中世になるまで，家長の遺言は，不動産を $1/2 : 1/3 : 1/7$ の比率，すなわち $21 : 14 : 6$ の比率で分割すると表現されたり解釈されたりしていたので，オマール叔父さんから借りる必要はなかっただろう．たとえば，『リンド・パピルス』(紀元前1700年ごろ) の問題63では700個のパンを $2/3 : 1/2 : 1/3 : 1/4$ の比率で4人に分けよと述べている．

68. 問題箱

問題66と同じように，箱の大きさを $a \times b \times c$ として，$a \leq b \leq c$

と仮定する．箱の体積は abc，表面積は $2(ab+bc+ac)$，辺の長さの総和は $4(a+b+c)$ である．

前半は，
$$abc = 4(a+b+c) \tag{1}$$
となる a,b,c を求めよという問題である．$4(a+b+c) \leq 4(c+c+c) = 12c$ であるから，$ab > 12$ ならば $4(a+b+c) \leq 12c < abc$ となって解はない．したがって，$ab \leq 12$ の場合だけを考える．また，$abc = 4(a+b+c) > 4c$ なので，$ab > 4$ が成り立たなければならない．これで，a と b のとりうる組合せはかなり絞られる．それぞれの a, b に対して，式 (1) から $c = 4(a+b)/(ab-4)$ が得られる．それぞれのとりうる a と b の対に対して，c が整数になるかどうかを調べる．これによって，次の5通りの解が得られる．

$(a,b,c) = (1,5,24),\ (1,6,14),\ (1,8,9),\ (2,3,10),\ (2,4,6)$

後半は，
$$2(ab+bc+ac) = 4(a+b+c) \tag{2}$$
あるいは，$(ab+bc+ac) = 2(a+b+c)$ となる a,b,c を求めよという問題である．$2(a+b+c) \leq 6c$ なので，$a+b \geq 6$ ならば $2(a+b+c) \leq 6c \leq ac+bc < ab+bc+ac$ となって解はない．したがって，$a+b < 6$ の場合だけを考える．これでもうわずかな場合しか残らない．式 (2) を c について解くと，$c = (2a+2b-ab)/(a+b-2)$ になる．この解は $(a,b,c) = (1,2,4),(2,2,2)$ の2通りしかない．$a = 0$ ならば，さらに $(a,b,c) = (0,3,6),(0,4,4)$ の2通りの解がある．これらは長方形に対する問題66の解になっている．

実際には，ジェシカはどちらの場合にも解を見つけられなかった．しかし，0個の解は5通りの解よりも2通りの解のほうに近いので，ジェシカは後半の問題のほうがうまくできたと感じたのである．

69. ピストール金貨とギニー金貨

G をギニー金貨の枚数, P をピストール金貨の枚数とするとき, $21G+17P=2000$ としたい. 基本的な数論には, このような解を求めるためのユークリッドのアルゴリズムとして知られる系統的な手順がある. しかし, ここでは試行錯誤で進めることにしよう. $G=0,1,\ldots$ に対して $2000-21G$ を計算し, その結果を 17 で割って整数になるかどうかを確かめる. すると, すぐに $2000-7\times 21=1853=17\times 109$ が見つかる. したがって, $21\times 7+17\times 109=2000$ は一つの解である. しかし, この左辺のそれぞれの項に 17×21 の倍数を足し引きすると, たとえば, $21\times 24+17\times 88=2000$ のような解も得られる. そしてこれを繰り返すと, $k=0,1,\ldots,5$ に対して $21(7+17k)+17(109-21k)=2000$ が得られ, 最後の $k=5$ の場合は $21\times 92+17\times 4$ になる. 硬貨の枚数がもっとも少なくてすむのはどの場合だろうか.

70. ほぼピタゴラス三角形

この等式を $x^2\pm 1=z^2-y^2$ と書き直す. この右辺は $(z-y)(z+y)$ と因数分解される. $z-y=a$ と $z+y=b$ が分かれば,

$$2z=a+b,\quad 2y=b-a$$

になり, a と b は同じ偶奇性, すなわち, ともに偶数かともに奇数でなければならないことが分かる. したがって, すべてのほぼピタゴラス三角形は次のようにして見つけることができる. x を選び, x^2+1 を計算して, それを同じ偶奇性をもつ二つの約数の積に分解する. そして x^2-1 についても同じようにする. たとえば, $x=5$ ならば $x^2-1=24=2\times 12$ を考えると $y=5, z=7$ が得られ, これが生徒が最初に見つけた三角形である. この手順によって見つかる辺の長さの異なる三角形の最初のいくつかは次のとおり.

$(x, y, z) = (4, 7, 8),\ (4, 8, 9),\ (6, 17, 18),\ (6, 18, 19),$
$(7, 11, 13),\ (8, 31, 32),\ (8, 9, 12),\ (8, 32, 33),$
$(9, 19, 21),\ (10, 49, 50),\ (10, 15, 18),\ (10, 50, 51)$

［自身の生徒の問題を教えてくれたヒーザー・ヴォーガンに感謝する．そこからこの問題が生まれた．これを私たちは *Mathematics Magazine* 60:4 (1987) 244 & 248 に発表した．］

71. ジオボード上のほぼピタゴラス三角形

残念ながら，ジオボードではそのような三角形は作れない．ジオボード上の任意の三角形を考えてみよう．どの頂点を座標系の原点にしてもよい．すると，a, b, c, d をすべて整数として，残りの2頂点はそれぞれ (a, b) と (c, d) に位置する．3辺の長さを x, y, z とすると，それらの平方は $x^2 = a^2 + b^2,\ y^2 = c^2 + d^2,\ z^2 = (a-c)^2 + (b-d)^2$ で与えられる．すると，$x^2 + y^2 - z^2 = 2(ac + bd)$ は偶数になり，したがって，± 1 にはなりえない．これがどの頂点を原点としても成り立つので，どの辺を「ほぼ斜辺」としても，ほぼピタゴラス三角形が得られることはない．

72. ジオボード上の三角形

ジオボードのクギに座標系を合わせると，クギの座標は整数になる．2点の距離は三平方の定理によって与えられるので，その距離の平方は，二つの整数の平方数の和である．三角形が本当に異なる2通りの配置をとるならば，いずれかの辺は本当に異なる2通りの位置にならなければならない．すなわち，その長さの平方は，本当に異なる2通りの2個の平方数の和でなければならない．これは，$5 = 1^2 + 2^2 = 2^2 + 1^2$ を異なる2通りの表現とは考えないということである．2個の平方数の和の表を作ると，2個の平方数の和として2

通りに表せる数としてまず次のものが見つかる.

$$25 = 5^2 + 0^2 = 4^2 + 3^2$$
$$50 = 7^2 + 1^2 = 5^2 + 5^2$$
$$65 = 8^2 + 1^2 = 7^2 + 4^2$$
$$85 = 9^2 + 2^2 = 7^2 + 6^2$$
$$100 = 10^2 + 0^2 = 8^2 + 6^2$$

これらの長さをさまざまな配置で試してみると,次のような2通りの単純な例が得られる.

$(0,0), (5,0), (0,5)$ を頂点にする三角形と $(0,0), (4,3), (-3,4)$ を頂点とする三角形が,ともに3辺が $5, 5, \sqrt{50}$ の二等辺三角形になる.

$(0,0), (5,0), (6,7)$ を頂点とする三角形と $(0,0), (8,-1), (3,4)$ を頂点とする三角形は,ともに3辺が $5, \sqrt{50}, \sqrt{65}$ の三角形になる.

これらを見つけてしばらくしてから,驚いたことに,さらに単純な例が見つかった.

$(0,0), (5,0), (4,2)$ を頂点とする三角形と $(0,0), (4,2), (3,4)$ を頂点とする三角形は,ともに3辺が $\sqrt{5}, \sqrt{20}, 5$ の直角三角形になる.これは $(5,0)$ と $(3,4)$ の中点をとることによって見つけた.$(7,1)$ と $(5,5)$ の中点をとると,3辺を $\sqrt{5}, \sqrt{45}, \sqrt{50}$ とする別の例が与えられる.計算機の手助けによって,さらに別の種類の例が見つかった.

$(0,0), (5,0), (7,1)$ を頂点とする三角形と $(0,0), (4,3), (5,5)$ を頂点とする三角形は,ともに3辺が $\sqrt{5}, 5, \sqrt{50}$ の三角形になる.

[ジオボード上に何通りの異なる三角形があるかと尋ねてくれたトム・ヘンレイに感謝する.残念ながら,この問題で述べた現象のせいで,ヘンレイのもともとの問いは解決できていない.]

73. CCCC牧場

ジェシカは答えを求めることができる.a 匹のアメリカマムシ,b 羽のニワトリ,c 人の子供,d 頭の牝牛がいるとする.すると,

$a+b+c+d = 17$, $a+b+d = 11$, $2b+2c+4d = 50$ であることが分かっている．$c = 6$ であることはあきらかなので，この方程式は $a+b+d = 11$, $2b+4d = 38$ と簡単になる．後者の式から $b+2d = 19$ が得られるので，そこから解としてありうるのは $(b,d) = (19,0), (17,1), \ldots, (3,8), (1,9)$ になる．a が 0 よりも大きくなるためには，前者の式から $b+d < 11$ でなければならない．したがって，唯一の解は $b = 9, d = 1$ であり，$a = 1$ となる．

　[これは，百鶏術の一例である．百鶏術が最初に登場するのは 475 年ごろの張丘建の『算経』で，次のような問題である．男が市場に行き，100 羽のニワトリを 100 銭で買った．雄鶏は 5 銭，雌鶏は 3 銭，雛は 1/3 銭である．（このような問題は，インドのバクシャーリー写本にもある．バクシャーリー写本が書かれたのは 2 世紀から 12 世紀まで諸説あり，これらの問題はそれ以降よく知られた練習問題になっている．）意欲的な読者は，西暦 900 年ごろのアブ・カミルによる次の問題の解をすべて求めてみるのもよいだろう．男が市場に行き，100 羽の鳥を 100 銭で買った．アヒルは 2 銭，ハトは 1/2 銭，ジュズカケバトは 1/3 銭，ヒバリは 1/4 銭，スズメは 1 銭である．]

74. 倍づけ

　二人がそれぞれ M 本のマッチ棒をもっている最後の状態から逆向きに調べていくのがもっとも簡単である．それぞれの試合では手持ちの少ないほうが勝たなければならない．そうでなければ，ゲームはもっと早く終わってしまっていたであろう．最後の試合では，手持ちの少ないほう（ソフィー）がその手持ちと同じだけ勝ったはずである．したがって，ソフィーは $M/2$ 本，ジェシカは $3M/2$ 本をもっていたのでなければならない．これは，手持ちの少ないほうの手持ちが 2 倍になり，その試合前にはその半分であったということだ．さらにその前の試合では，ジェシカは $3M/4$ 本を勝ち取ったにちがいなく，

その試合前にはジェシカは $3M/4$ 本,ソフィーは $5M/4$ 本をもっていたのでなければならない.これを続けると次のような分数が現れる.ただし,共通の約数である M は省略した.

ジェシカ　$1\quad \dfrac{3}{2}\quad \dfrac{3}{4}\quad \dfrac{11}{8}\quad \dfrac{11}{16}\quad \dfrac{43}{32}\quad \dfrac{43}{64}$

ソフィー　$1\quad \dfrac{1}{2}\quad \dfrac{5}{4}\quad \dfrac{5}{8}\quad \dfrac{21}{16}\quad \dfrac{21}{32}\quad \dfrac{85}{64}$

最後の分数に M を掛けた結果が整数でなければならないので,M の最小値は 64 になり,二人は最初にそれぞれマッチ棒 43 本と 85 本をもっていたことになる.

[一般解を求めるための簡単な方法がある.それは n 試合 ($n = 0, 1, \ldots$) を遡ったとき,大きいほうの値の列を

$$1, \frac{3}{2}, \frac{5}{4}, \frac{11}{8}, \frac{21}{16}, \frac{43}{32}, \frac{85}{64}, \ldots, \frac{a_n}{2^n}, \ldots$$

と考え,小さいほうの値の列を

$$1, \frac{1}{2}, \frac{3}{4}, \frac{5}{8}, \frac{11}{16}, \frac{21}{32}, \frac{43}{64}, \ldots, \frac{b_n}{2^n}, \ldots$$

と考えるのである.この分子の数列にはさまざまな性質があることがすぐに分かるだろう.それぞれの段階で,手持ちの多いほうがその半分を失って手持ちの少ないほうになるので,$b_n = a_{n-1}$ である.また,手持ちの少ないほうは手持ちの多いほうの半分を獲得して手持ちの多いほうになるので,$a_n = 2b_{n-1} + a_{n-1}$ である.これらから,次の関係式が得られる.

$$a_n = a_{n-1} + 2a_{n-2}, \quad a_n = a_{n-2} + 2^n, \quad a_n + a_{n-1} = 2^{n+1}$$

この関係式から簡単に a_n と b_n を計算できる.再帰的関係式の理論によって,これは次のように明示的に表すことができる.

$$a_n = \frac{1}{3}\left[2^{n+2} - (-1)^{n+2}\right]$$

そして，これは $2^{n+2}/3$ にもっとも近い整数そのものである．$n = 0, 1, 2, \ldots$ に対して数列 a_{n-2} を考えるほうがわずかに簡単で，$0, 1, 1, 3, 5, 11, 21, 43, 85, \ldots$ となる．]

75. 奇妙なチェス盤

$N \times N$ のチェス盤の外周には $4(N-1)$ 個のマスがあり，内部には $(N-2)^2$ 個のマスがある．これらが等しいとすると，$N^2 - 8N + 8 = 0$ が得られる．この解は $N = 4 \pm 2\sqrt{2}$ である．複号のマイナスを使うと負の値になるので，この問題では意味をなさない．プラスを使うと $N = 6.828\cdots$ が得られる．これがマエストロ・ビアジオの与えた答えであるが，チェス盤の大きさとしては中途半端である．しかしながら，この問題は外周に沿った幅 1 の帯状部分が全体の面積のちょうど半分になるような正方形を求めていると解釈することができる．

一辺が N マスのチェス盤で $N = 7$ とすると，外周には 24 個のマスがあり，内部には 25 個のマスがある．これが正方形の盤としてはもっとも答えに近い．しかし，正方形でない盤ではどうなるかと考えたことがあるだろうか．

$M \times N$ の盤では，外周に $2M + 2N - 4$ 個のマスがあり，内部には $(M-2)(N-2)$ 個のマスがある．これらが等しいとすると，$MN - 4M - 4N + 8 = 0$ が得られる．この両辺に 8 を加えて因数分解すると $(M-4)(N-4) = 8$ になる．この整数解は $(M, N) = (5, 12)$, $(6, 8)$ と，それらの M と N を入れ換えたものだけである．

[あとで，$M \times N$ の盤の問題はアンディ・バーノフ & リチャード・ペニントン; Problems Drive 1984; *Eureka* 45 (Jan 1985) pp. 22–23 & 50, Prob. 5 にあることが分かった．]

76. お小遣いの問題

A, B, C をそれぞれ 3 人のお小遣いの額とする．$A = (B+C)/3$ および $B = (A+C)/2$ であることが分かっている．C を $A+B$ の式として表すように素直に計算を進めることもできるが，それぞれの式に $A/3$ と $B/2$ を加えて $4A/3 = (A+B+C)/3$ および $3B/2 = (A+B+C)/2$ と対称になるようにしたほうが簡単である．3 人の合計額 $A+B+C$ を T で表す．すると，$A = T/4, B = T/3$ なので，$C = T - A - B = T(1 - 1/4 - 1/3) = 5T/12$ となる．$C = X(A+B)$ ならば $(1+X)C = XT$ であり，これを C について解くと $C = XT/(1+X)$ になる．したがって，$X/(1+X) = 5/12$ あるいは $12/5 = (1+X)/X = 1 + 1/X$ となるような X を求めたい．これを解くと $7/5 = 1/X$ となり，$X = 5/7$ である．3 人のお小遣いは $1/4 : 1/3 : 5/12 = 3 : 4 : 5$ という比率になり，お小遣いの最小額は 3, 4, 5 である．

77. ご着席ください

x, y, z で，それぞれ 3 ポンド席，4 ポンド席，5 ポンド席の数を表すと，

$$x + y + z = 2000$$

となり，7500 ポンドの収益を得たことから，$3x + 4y + 5z = 7500$ である．2 番目の式から 1 番目の式の 3 倍を引くと，残りは $y + 2z = 1500$ になる．1500 と $2z$ はともに偶数なので，y も偶数でなければならない．そこで $y = 2w$ とすると，この等式は $w + z = 750$ になる．$w = 0, 1, 2, \ldots, 750$ のそれぞれの値に対して $y = 2w = 0, 2, 4, \ldots, 1500$, $z = 750, 749, 748, \ldots, 0$, $x = 1250, 1249, 1248, \ldots, 500$ が対応する．このようにして，席数が 2000 席だと仮定しても 751 通りもの解がありうる．

席数が明記されていなかったとしたら，2番目の式 $3x + 4y + 5z = 7500$ だけから解を求めることになる．この解をすべて求めるための簡単な方法はない．このような問題を解くプログラムがあるので，そのプログラムを1時間ほど走らせた．その一方で手で計算をしたら手計算のほうが10分ほど余計にかかった．それらはもとの問題に469,501通りもの解があることで一致した．したがって，1通りの解しかないというのは少々控えめな表現である．

［興味のある読者のために書いておくと，すべてが正値になる解は468,001通りである．］

78. 千年紀の難問

$19X + 99Y = 2000$ を解くためには解 X, Y を一つ見つける必要がある．式変形しているうちに，$99 - 19 = 80$ であり，2000を80で割ると25になることが分かった．このことから $99 \cdot 25 - 19 \cdot 25 = 2000$ が得られる．そこで，この式の第1項から $99 \cdot 19$ を引き，同じく $99 \cdot 19$ を第2項に加えると，$99 \cdot 6 + 19 \cdot 74 = 2000$ が得られる．19と99には共通の約数がないという事実を使うと，一つの解に $19 \cdot 99$ の倍数を足し引きすることですべての解を得られることが簡単に示せる．しかしながら，この手順を繰り返すと X が負になる．したがって，X と Y がともに正になるのは最初に見つけた場合だけである．

79. 立方陣

簡単のために，立方体のすべての頂点に名前をつける．上面の頂点を時計回りに A, B, C, D とし，それらの頂点の真下にある頂点をそれぞれ E, F, G, H とする．すると，A は B, D, E と隣接する．このとき $A + B + C + D = C + D + G + H$ なので，$A + B = G + H$ であり，ジュニア数学オリンピックで出題されたように，同一の面に含まれないどの平行な2辺に対しても同じことが成り立つ．それでは立方体を

回転させて $A=1$ となるようにしよう. すると $A+B \leq 1+8=9$ である. ここで G または H の値が 8 であると仮定する. 残りの値は 1 より大きくなければならないので, $G+H \geq 2+8=10$ となり, G または H が 8 ならば $A+B \neq G+H$ である. 対称性を考えると, C や F も 8 にはなりえないことが分かる. したがって, 8 は B か D か E, すなわち $A=1$ に隣接する頂点の一つになければならない. そこで $E=8$ と仮定してよい. すると $A+E=9=C+G$ である.

ここで, もう少し情報が必要になる. すべての頂点の値の和 $A+B+\cdots+H$ を考える. すべての頂点の値は整数 $1,2,\ldots,8$ の置換なので, それらの和は $1+2+\cdots+8=36$ に等しい. さらに, 上面 $A+B+C+D$ と下面 $E+F+G+H$ はともに定和になるので, それを S とする. しかし, このとき $2S=A+B+\cdots+H=36$ なので, 定和は 18 に決まる. つぎに前面を考える. $A+D+E+H=18$ であり, $A+E=9$ であることが分かっているので, $D+H=9$ になる. 同様にして, あるいはジュニア数学オリンピックの結果を使うと $B+F=9$ になる. したがって, この立方体の鉛直な辺は, いずれもその両端の頂点の値の和が 9 になる. このことから, すべての側面の和も定和である 18 になる. しかし, 1 から 8 までの整数 2 個の和が 9 になるのは次の 4 通りしかない.

$$1+8,\ 2+7,\ 3+6,\ 4+5$$

したがって, これらの 4 対によって鉛直なそれぞれの辺が構成される. また, $A+B+C+D=18$ でなければならない. このことから, これら 4 対のそれぞれに含まれる値を一つずつ使って, その合計が 18 にならなければならない. $A=1$ から始めると, 2 は上面にあるようにはできない. 2 が上面にあると上面の和の最大値は $1+2+6+5=14$ になるからである. したがって 7 が上面になければならず, 上面の残りの二つの値の和は 10 にならなければならない. これによって, 上面に 6 と 4 があることになる. こうして, $1,4,6,7$ が上面にあり, 鉛

直な辺の両端にある値の和がすべて9であるものが解になる．上面に 1, 4, 6, 7 をどのように配置しても解になる．ここまでと同じく $A = 1$ を固定すると，4, 6, 7 の配置は6通りある．これら6通りのうちの半分は残りの半分と鏡映のもとで同値になるので，上面で A の対角にあるのが 4, 6, 7 のどれかによって決まる3通りの異なる解があるといえる．

第6章

80. 埋もれていた虫食い算

1062 を 16 で割って 66.375 になるというのが,この問題の一意に決まる解である.

A を除数とし,B を被除数とする.B/A は小数点以下 3 桁までしかないので,B/A は $1/1000$ の整数倍である.しかしながら,B/A は約分されていないかもしれないので,$B'/A' = B/A$ であって,B' と A' には公約数がないものとする.このとき,実際に A' は 1000 の約数になる.小数点以下 3 桁ちょうどになるような分母 A' は 8, 40, 200, 250, 500, 1000 である.しかし,A' の倍数である A が 2 桁なので,A' もたかだか 2 桁である.したがって,$A' = 8$ または $A' = 40$ となり,$C = 2, 3, \ldots, 12$ とするとき,$A = 8C$ になる.

ここで,$1/8 = .125$, $1/40 = .025$ であり,小数点以下 3 桁になるこれらのどのような倍数も最後の桁は 5 になる.しかし,筆算の最後の段階では $5A$ は 2 桁しかない,すなわち $5A < 100$ なので,$A < 20$ であり,$A = 16$ でなければならず,$A' = 8$ である.$B/16 = B'/8$ であるから B' は奇数でなければならず,B は奇数の 2 倍であることが得られる.

ここまでで,この割り算の虫食い算は次のようになっている.

```
                    ef.gh5
              ┌─────────────
           16)  abcd
                jk
              ─────
                lmd
                 pq
                ─────
                 r.0
                 s.t
                ─────
                 u.v0
                  w.xy
                 ─────
                   80
                   80
                 ─────
```

$abc \geq 100$ であるが，$jk < 100$ なので，jk は 2 桁で最大の 16 の倍数，具体的には $6 \times 16 = 96$ であり，$abc < 7 \times 16 = 112$ となる．$lm \geq 10$ なので，$abc \geq 106$ が得られる．同様にして $pq = 96$ であることが分かり，$r < 10$ なので，$lmd < 106$ が得られる．結果として $lm = 10$, $abc = 106$, $abcd < 1066$ でなければならない．このとき，1060 と 1065 の間で奇数の 2 倍になるのは 1062 だけである．これが与えられた虫食い算にぴったりと収まることが分かる．

81. 小町分数和 (1)

唯一の解は $5/34 + 7/68 + 9/12 = 1$ である．

82. 取り違えの功名

2 桁の数 ab の値は $10a + b$ であることを思い出すと，$ab - cd = ba/cd$ という問題は $[(10a+b) - (10c+d)](10c+d) = 10b+a$ になる．この式を展開しても相殺される変数はないが，一の位の数字を調べると，10 の倍数の差を除いて $(b-d)d = a$ であることが分かる．（これを，数学者は「$(b-d)d$ は 10 を法として a と合同である」といい，$(b-d)d \equiv a \pmod{10}$ と書く．）この式を使って系統的に探索でき

る．a の値を決めて，それに 10 のある倍数を加えると $a' = a + 10k$ が得られる．a' を $d(b-d)$ と因数分解し，それを使って b を決める．a, b, d を問題の式に代入すると，c としてとりうる値が簡単に求められる．

まず，a' として 100 通りの値を扱わなければならないように見える．しかしながら，
$$d + b - d = b$$
は 1 桁の数字なので，それはたかだか 9 である．$xy \leq [(x+y)/2]^2$ という関係が成り立つことは，展開すれば簡単に分かる．（これを，数学者は相加・相乗平均の不等式と呼ぶ．）この不等式を $x = d$, $y = b - d$ に適用すると $(x+y)/2 = b/2 \leq 4 + 1/2$ になる．したがって，$a' = bd \leq 20 + 1/4$ であり，a' は 20 以下である．多くの場合に，a' の約数はそれほど多くなくこの問題の解としては大きすぎるので，30 通りあまりの場合すべてを調べてもそれほど時間はかからず解は次の 4 個しかないことが分かる．

$27 - 3 = 72/3, \quad 27 - 24 = 72/24, \quad 49 - 2 = 94/2, \quad 49 - 47 = 94/47$

1 番目の式を $27 = 3 + 72/3 = 3 + 24$ と書き直すと，72 を二つの約数の積に分解してそれらを足し合わせた結果が 72 を逆順にしたものになることが分かる．これらの解のうち，最初の 2 個は順番を入れ換えた同じ因数分解に対応し，あとの 2 個も同じような関係にある．

83. 誤りの誤りは正解

解は，次のような昇順に並べた 21 通りの $WRONG$ の値によって与えられる．ただし，この順で解が見つかる可能性は低い．

12734, 12867, 12938, 24153, 24765, 25173, 25193, 25418, 25438, 25469, 25734, 25867, 25938, 37081, 37091, 37806, 37846, 37908, 49153, 49265, 49306.

私は14個の解を手計算で見つけたが，そのうちの一つは重複していて，それから書き写すときに一つの解を見落としていたことが分かった．残りの解は，単にすべての場合を慎重に確認し損ねたために見落とされた．私は，そのパズル本の著者が多くの解を探すことを面倒くさがったと考えたが，今では彼がすべての解を見つけようとしなかった理由を理解できる．

$O = 0$ の場合には 37081 と 37091 の 2 通りの解がある．$I = 1$ の場合には 25734 と 25867 の 2 通りの解がある．

84. 左折3回は右折

私は手計算によって解を一つ見つけたが，とりうる場合のごく一部分を調べただけだと分かった．そこで，すべての場合を見つけるために簡単なプログラムを書いた．*LEFT* は次の 27 通りの値をとりうる．

8910, 5820, 5430, 8730, 5830, 5940, 9160, 9180, 6580, 8190, 8390, 8305, 7805, 8905, 6915, 8915, 6325, 3625, 4625, 9135, 6235, 9045, 6245, 6945, 8065, 7695, 6795．

これらのうち 0 を含まないのは 8915, 6325, 4625, 6245 の 4 通りだけである．$I = 1$ となるものはない．

85. OXO立方体

答えは $178^3 = 5639752$ と $189^3 = 6751269$ である．

$NOTHING \times NOTHING$ が立方数ならば $NOTHING$ は立方数でなければならない．3乗が7桁になるような整数は $100, 101, \ldots, 215$ である．そこで，私は計算機を使ってこれらの3乗をすべて計算し，その結果の数字を調べた．2 個の N が同じ数字になるのは 13 通りあったが，そのほかの数字がすべて相異なるのは前述の2通りの場合だけであった．立方数の表を調べて答えを見つけることもできるだろ

う．100^3 から始めると 125 に達するまで最上位の数字は 1 なので，十の位を順に見ると 1 かどうかが簡単に分かり，それからそのほかの数字を確認すればよい．

86. スクランブルエッグ 2 個とウィート

通常の制約（数字の重複は許さず，先頭の 0 も許さない）では，和 $STIR + TWO = WHEAT$ の最上位から $W = 1, S = 9, H = 0$ であることが分かり，$T + T$ は繰り上がらなければならない．次に，$I + W = I + 1$ である．これが 9 を超えるのは，S と重なる $I = 9$ の場合か，$I = 8$ で $R + O$ から繰り上がりがある場合だが，いずれも $A = 0$ となって，H と重複する．したがって，$T + T$ に繰り上がることはないが，$T + T$ は繰り上がりがあるので，$T = 6, 7, 8$ である．このそれぞれの場合を調べる．

$T = 6, E = 2$ の場合，R と O は次の対（順序は逆でもよい）のいずれかになるが，いずれもどれかの値と重複している．

$$(0, 6),\ (1, 5),\ (2, 4),\ (7, 9)$$

$T = 7, E = 4$ の場合，R と O は次の対（順序は逆でもよい）のいずれかになるが，ほかの値と重複しないのは $(2, 5)$ だけである．

$$(0, 7),\ (1, 6),\ (2, 5),\ (3, 4),\ (8, 9)$$

このとき，$A = I + 1$ であり，I と A にはまだ使われていない隣り合った数字が必要であるが，使われていないのは 3, 6, 8 だけである．

$T = 8, E = 6$ の場合，R と O は次の対（順序は逆でもよい）のいずれかになるが，ほかの値と重複しないのは $(3, 5)$ だけである．

$$(0, 8),\ (1, 7),\ (2, 6),\ (3, 5)$$

この場合も，I, A に割り当てられる使われていない隣り合った数字はない．

したがって，通常の制約の場合には解はない．$W = 0$ とすると $H = S + 1$ であり，$T + T$ からの繰り上がりがなければならないことが分かる．また，$R + O$ や $A = I + 1$ にも繰り上がりがなければならない．$A \neq 0$ なので，$T + T$ への繰り上がりは起こりえない．$H \neq 0$ なので $T > 5$ である．T は $R + O$ から作られ，相異なる数字の和の最大値は 17 なので $T \leq 7$ となり，したがって，$T = 6$ または $T = 7$ である．

$T = 6, E = 2$ とすると $R + O = 16$ であり，R と O は 7 と 9（順序は逆でもよい）でなければならないので，$1, 3, 4, 5, 8$ が使われずに残る．しかし，(S, H) と (I, A) はともに使われていない連続する数字でなければならないが，このようにすることはできない．

$T = 7, E = 4$ とすると，R と O は 8 と 9（順序は逆でもよい）でなければならないので，$1, 2, 3, 5, 6$ が使われずに残る．対 (S, H) と (I, A) は $(1, 2)$ と $(5, 6)$ か，$(2, 3)$ と $(5, 6)$ か，それらの対の順序を逆にしたものになる．R と O はどちらでもよいので，$STIR = 1758$, 1759, 2758, 2759, 5718, 5719, 5728, 5729 という 8 通りの解が得られる．

数字の重複や先頭の 0 が許される一般の場合には R, O, I, S を任意の数字とすることができ，残りの値は決まるので，10,000 通りの解がある．先頭に 0 がくることを禁じると $S = 9$ に決まり，$T \geq 5$ でなければならない．これは，$R + O$ はその値の半分だけ，すなわち 50 組だけをとりうることを意味する．すると，I は 10 通りの値をとりうるので，この場合には 500 通りの解が得られる．これは，このパズル本で与えられた単一の解に比べてかなり多い．最後に，使えるのが $0, 1, 9$ だけだとしたら $T = 9$ であり，したがって，$(R, O) = (0, 9)$ または $(9, 0)$ になる．$I + W = I + 1$ は $T + T$ に繰り上がるので，$I = 9, A = 0$ でなければならず，解は $9990 + 919 = 10909$ と $9999 + 910 = 10909$ の 2 通りだけである．

87. 命がけで飛べ

$O = 0, I = 1$ と仮定して，$C2$ を $L + 0 + U$ からの繰り上がりとする．この繰り上がりはたかだか 2 である．すると，$C2 + F + F + 0$ は 1 か 11 か 21 である．これで，$C2$ が 0 または 2 になることは除外される．また，$F \neq 0$ であり，この和は 1 になりえないので，この和はたかだか 19 である．したがって，この和は 11 でなければならないことが導かれ，その結果として $F = 5, C2 = 1, L = Y + 1$ になる．(そして，$Y \leq 8$ である．) ここで，$C1$ を $Y + R + R$ からの繰り上がりとすると，これは 0, 1, 2 のいずれかである．$C1 + L + U = 15$, あるいは $C1 + Y + U = 14$ であることが分かっている．Y と $C1$ のそれぞれの値から U が決まる．しかし，$C1 \leq 2$ および $U \leq 9$ から $Y \geq 3$ になる．

$Y = 3$ に対しては $C1 = 2$，すなわち $Y + R + R \geq 20$ でなければならず，これは $R = 9$ のときに限る．

$Y = 4$ に対しては $C1 = 1$ または $C1 = 2$ でなければならず，これから $R = 3, 4, 5, 6, 7, 8, 9$ となる．

$Y = 5, 6, 7, 8$ に対しては R はどのような値でもよい．

これで，左端に 0 を許さない場合の 48 通りの解が得られた．異なる文字が異なる数字に対応する場合は $598 + 507 + 8047 = 9152$ だけである．

［$F = 0$ ならば $L = Y$ かつ $C1 + Y + U = 10$ となる．

$Y = 0$ であれば $C1 = 1$ かつ $R = 5, 6, 7, 8, 9$ でなければならない．

$Y = 9$ であれば $C1 = 0$ または $C1 = 1$ であり，$R = 0, 1, 2, 3, 4, 5$ でなければならない．

$Y = 1, 2, 3, 4, 5, 6, 7, 8$ の場合は R はどの値でもよい．

したがって，左端に 0 を許すと 91 通りの解があり，重複を許せば合計で 139 通りの解がある．］

88. 奇数足す奇数は偶数

$ODD + ODD = EVEN$ では, $EVEN \leq 988 + 988 < 2000$ かつ $E \neq 0$ であることから $E = 1$ となる. さらに $E \neq N$ なので, 一の位から十の位に繰り上がりがなければならないことが分かり, したがって $D \geq 5, E = N+1$ になる. しかし, $E = 1$ なので $N = 0$ となり, したがって $D = 5$ である. これで, 残っているのは $1 + O + O = 1V$ なので $O > 5$ となり, これを満たすどのような O を選んでも, V はほかの文字と異なる値になる. そして, 解は $O = 6$ と $O = 8$ による $655 + 655 = 1310$ と $855 + 855 = 1710$ の2通りしかない.

$ODD + ODD + ODD = EVEN$ では, $EVEN < 3000$ かつ $E \neq 0$ であることから, $E = 1$ または $E = 2$ である. この場合も一の位からの繰り上がりがなければならないので $D \geq 4$ になる. DD のとりうる値の3倍を調べるよりも単純な論理的道筋は分からなかった. $44, 55, 66, 77, 88, 99$ それぞれの3倍は $132, 165, 198, 231, 264, 297$ である. 十の位が1か2になるような場合はないので, この問題には解がない.

89. 奇数と偶数 (1)

$4 \times ODD = EVEN$ では, $EVEN < 4000$ かつ $E \neq 0$ であることから, $E = 1, 2, 3$ である. 一の位からの繰り上がりがなければならないので, $D \geq 3$ となる. $33, 44, 55, 66, 77, 88, 99$ の4倍の下2桁は, それぞれ $32, 76, 20, 64, 08, 52, 96$ である. したがって, D は3か5でなければならず, それぞれに対応する E は3か2になる. しかし, $D = 3$ ならば $E = 3$ になるが, これは許されないので, $D = 5, E = 2$ の場合だけを考えればよい. $4 \times ODD$ の値が2000と2999の間になる O の値でまだ使われていないのは6だけである. しかし $4 \times 655 = 2620$ には重複する値があるので, この問題には解がない.

$5 \times ODD = EVEN$ では，前と同じように $E = 1, 2, 3, 4$ かつ $D \geq 2$ であることが分かる．$22, 33, \ldots, 99$ の 5 倍の下 2 桁はそれぞれ $10, 65, 20, 75, 30, 85, 40, 95$ である．したがって，起こりうるのは $D = 2, 4, 6, 8$ だけであり，そのすべての場合で $N = 0$ となる．このそれぞれの場合に，$5 \times ODD$ の値が $E000$ と $E999$ の間になるような O の値でまだ使われていないのは $O = D + 1$ だけしかない．$D = 8$ の場合には値が重複するので，解は残った $ODD = 322, 544, 766$ の 3 通りである．

90. 奇数と偶数 (2)

$6 \times ODD = EVEN$ の解は一意で $ODD = 655$．
$7 \times ODD = EVEN$ の解は $ODD = 722, 822$ の 2 通り．
$8 \times ODD = EVEN$ の解は $ODD = 922, 644, 744, 366$ の 4 通り．
$9 \times ODD = EVEN$ の解はない．

解を与える乗数の値は $k = 2$ から $k = 77$ までの範囲に 32 通りあり，合計で 52 通りの解がある．そのうちの 20 個の乗数については解が一意になり，6 個の乗数には 2 通りの解，4 個の乗数には 3 通りの解，2 個の乗数（8 と 24）には 4 通りの解がある．

$K \times ODD = EVEN$ の解は 7 通り，$KL \times ODD = EVEN$ の解は 9 通りある．2 桁の乗数の最小の場合は $13 \times 544 = 7072$ である．$KK \times ODD = EVEN$ の解は $33 \times 199 = 6567$，$44 \times 133 = 5852$，$77 \times 122 = 9394$ の 3 通りである．

91. 三平方

与えられた任意の解に対して，それを 100 倍したものもまた解になる．たとえば，$(4, 9, 49)$ から $(4, 900, 4900)$ が得られる．問題で述べたように，これらを見つけることは簡単であり，末尾に 0 を並べることで表される．

先頭や末尾に 0 をもつ解を除外すると，10,000 以下の解は次の 8 通りになる．

$(4, 9, 49)$, $(16, 9, 169)$, $(36, 1, 361)$, $(1, 225, 1225)$,

$(144, 4, 1444)$, $(16, 81, 1681)$, $(324, 9, 3249)$, $(4, 225, 4225)$

1 から 100 までの数の平方を調べるだけでよく，そのような平方数が二つの平方数に分割されるかどうかを判定するのはきわめて簡単であるが，参照できるような平方数の表があると助かる．

計算機を使うと，10 以下では解なし，100 以下では 1 通り，1000 以下では 3 通り，10,000 以下では 8 通り，100,000 以下では 14 通り，1,000,000 以下では 20 通り，10,000,000 以下では 36 通り，100,000,000 以下では 46 通り，1,000,000,000 以下では 66 通り，10,000,000,000 以下では 88 通り，100,000,000,000 以下では 125 通り，1,000,000,000,000 以下では 147 通りが見つかる．これらの解の個数に何らかの規則性を見出すことはできなかった．

見つけた中でもっとも驚くべき解は $(4, 950625, 4950625)$ と $(49, 50625, 4950625)$ である．これらは連結した値が同じになるのだ．

92. フットボールの試合

まず，百の位から $O + A = A$ であることが分かる．これは $O = 0$ で十の位からの繰り上がりがないときにだけしか起こらないというのが，私の最初の対応であった．私はこの仮定のもとで問題を解こうとした．しかしながら，当時の NRICH (http://nrich.maths.org) を運営していたトニ・ベアードンは，もっと解があったことを思い出したと教えてくれた．それで，十の位から繰り上がりがあるならば $O = 9$ とできることに気づいた．これで 2 通りの場合が得られたので，それぞれの場合について解析する．

$O = 0$ の場合，十の位から $0 + L = M$ である．これは，一の位か

らの繰り上がりがあり，$M = L + 1$であるときにだけ起こりうる．このことから$T + L \geq 10$が分かるが，0はすでに使われているので$T + L \geq 11$でなければならず，そのためにはTが2以上でなければならない．しかしながら$M \leq 9$でもあるので，$L \leq 8$であり，したがって$T \geq 3$である．

問題の残りの部分を調べると，F, B, G, Aは正でT, L, E, Mと相異ならなければならず，千の位から$F + B = G \leq 9$となることを除いて，ここまでに行ったことと基本的に独立であることがわかる．

$O = 9$の場合，Cを一の位からの繰り上がりとすると，十の位から$C + 9 + L = 10 + M$が得られる．$C = 1$ならば$L = M$になるので$C = 0$, $L = M + 1$であることが分かる．このことから，$1 \leq L \leq 8$だけが得られる．一の位から，$T \geq 1$（そうでなければ$L = E$になってしまう）であることが分かる．また，$C = 0$から，$L + T \leq 9$であることが分かるので，$T \leq 8$である．

$O = 0$の場合と同じように問題の残りの部分を調べると，F, B, G, Aは正でT, L, E, Mと相異ならなければならず，$1 + F + B = G \leq 9$であることが分かる．

解を見つける単純なプログラムは，T, Lのとりうる値（これらからEとMが決まる）に対して繰り返し処理し，それからA, F, Bのとりうる値（これらからGが決まる）に対して繰り返し処理しなければならない．このプログラムは$O = 0$の場合と$O = 9$の場合を別個に処理することもできるし，この2通りの場合を別の繰り返し処理として組み合わせることもできる．万全を期するために，Oのすべての値に対して繰り返し処理を行うプログラムを書いた．TとLに関する制約がプログラムに大きな違いをもたらすことはないし，余分な繰り返し処理も必要としない．$O = 0$の場合には172通りの解があり，$O = 9$の場合には52通りの解がある．

［私の過ちは，当初の結果に飛びついてその解に縛られてしまい，

当初の結果を再確認しないという一般的な問題を指摘している.]

93. 小町分数和 (2)

最小値は次の式で与えられる.

$$1/74 + 2/85 + 3/96 = 0.06829\ 29252\ 78219 \cdots$$

最大値は次の式で与えられる.

$$7/46 + 8/25 + 9/13 = 1.16448\ 16053\ 51171 \cdots$$

数字がほぼ規則的に割り当てられていることが見て取れる. 最大値は 1 よりもほんのわずかに大きいだけであることに驚かされた.

解の大部分は演繹により求められる. 3 項の並べ換えを避けるために $A < D < G$ と仮定する. まず,和の最小値を考える. 分数 A/BC が現れるならば,$A < C < B$ でなければならない. そうでなければ, この 3 個の数字を並べ換えるともっと小さな値が得られる. したがって, 1 は分子でなければならないので $A = 1$ である. 2 が分母にあるならば, それを D と交換すると和が小さくなるので $D = 2$ でなければならず, 同様にして $G = 3$ でなければならない. これで, $BC < EF < HI$ でなければならず, これを $C < B, F < E, I < H$ と組み合わせると $H = 9$ になる. こうして, 考えるべき場合はわずかしか残されていないが, それらを取り扱うのはそれほど単純ではない. しかし詳しく調べると, 前述の解が最小であることが分かる.

和の最大値についても同じような議論でうまくいく. $B < C < A$ などから $G = 9, D = 8, A = 7$ を導くことができ, そして $HI < EF < BC$ から $H = 1$ が導かれる. しかし, 最終的な解は最小値の場合ほどは規則正しくない.

94. 小町分数和 (3)

この問題のもとの形に対するプログラムがまだ残っていたので, こ

の問題用にそのプログラムを修正して次のような一意の解を見つける
のは簡単であった．

$$1/(3\times 6)+5/(8\times 9)+7/(2\times 4)=1$$

この問題を手計算でうまく解いた者がいるかどうかは分からない．

95. 小町分数和 (4)

この問題のもとの形に対するプログラムがまだ残っていたので，こ
の問題用にそのプログラムを修正して次のような2通りの解を見つけ
るのは簡単であった．

$$2/(6+9)+3/(7+8)+4/(1+5)=1$$
$$2/(7+8)+3/(6+9)+4/(1+5)=1$$

最初の二つの分数の分母は，足し算を行うと等しくなることに注意せ
よ．これが，解は本質的に一意であると述べた理由である．

この問題を手計算でうまく解いた者はいるだろうか．

96. 七日で1週間

計算機によって9通りの解を見つけた．そのうちの2通りだけが
$D \neq 0$ であり，これらはこのパズル本の著者が与えた解である．
$DAYS\ WEEK$ の値を昇順に並べると 0254 1778, 0269 1883, 0381
2667, 0461 3227, 0524 3668, 0762 5334, 0921 6447, 1048 7336,
1207 8449 である．$D \neq 0$ を仮定しなければ，E の値によっても解は
一意に決まらないことに注意せよ．

第 7 章

97. ずるい数列

　この数列は，$b = 16, 15, \ldots, 3$ に対して 16 を b 進法表記したものである．したがって，その次の項は二進法表記の 16，すなわち 10000 であり，その次は一進法表記の 16 である．

　すぐに分かるような意味づけのない一進法は一般的な表記法ではない．一進法では，$0 \leq a_i < 1$ とするとき $a_i 1^i$ という形の項の和として 16 を表すことが期待される．a_i として許されるのは 0 だけなので，この和のすべての項は 0 に等しくなり，どう見ても役に立ちそうにない．a_i の範囲を $0 < a_i \leq 1$ に調整すると a_i として許されるのは 1 だけになるので，すべてが 1 に等しい項の和として 16 を表したい．この一種の一進法表記により，16 = 1111111111111111（16 個の 1）と書くことができる．すなわち，一進法表記は原始的な集計の技法と見ることができる．

98. この次の数は？

A. 1000 を a thousand と読むならば，これが答えである．しかし，1000 を one thousand と読むならば，答えは 2000 である．この数列は，その綴りの中に e という文字を含まない数の列である．

B. このあとに続く項は 100 である．この数列は，その綴りの中に t を含まない数の列である．

99. 送ったったったったー

次の文字はFである．実際には，次の20文字はF，そしてSが20文字，Eが10文字，Nが10文字と続く．これは，読者を煙に巻き面白いパズルになるように17から始まる整数の最初の文字である．しかし，その次には何がくるだろうか．それは，100, 101, . . . の読み方によって変わる．これを one hundred, one hundred one, . . . と読むならば，100文字のOが続く．しかし，これを a hundred や単に hundred と読むかもしれない．

この問題は *The Telegraph* の1998年8月1日号で出題した．2014年10月には，ずっと答えが分からずに焦燥した読者からの手紙が届いた．

100. ひねくれた数列

Ten, Nine, Eight, Seven, Six, Five, Four, Three, Two, One の頭文字を並べたものであり，これには Zero のZが続く．しかし，ワーナーはそのほかの可能性として，おそらく Blast-off! のB，Fire! のF，Lift-Off![訳注17] のLを想定していたであろうし，米国人ならば Geronimo![訳注18] のGを使うかもしれない．いとこの名字がフォン・ブラウン[訳注19] であることを言い忘れていた．

101. ペンローズ数列

普通のやり方で解こうとしてもらちがあかない．隣り合う項の差を使う方法に精通しているならその差をとってみるとよいが，うまくい

[訳注17] Blast-off!，Fire!，Lift-Off! はいずれも「発射！」を意味する．
[訳注18] 第二次世界大戦で米軍のパラシュート部隊が飛び降りるときに用いた掛け声．
[訳注19] ヴェルナー・フォン・ブラウン (Wernher von Braun) は，米国の初期のロケット開発における中心的指導者の一人．

きはしない．（本当にこの方法に精通しているのなら，うまくいかなかった場合には，おおよそ指数的な振る舞いをしていることがよくあると気づくだろう．）多くの人は次にそれぞれの項を因数分解する．しかし，興味深い約数をもつのは744だけで，それは素数31の倍数である．すぐさまこれが$32-1=2^5-1$であることに気づくべきで，それぞれの項を2^x-1で割ってみると次のような結果が得られる．

指数 $x=$	-3	-2	-1	0	1	2	3	4	5	6
項	35	45	60	P	120	180	280	450	744	1260
除数	$-7/8$	$-3/4$	$-1/2$	0	1	3	7	15	31	63
商	-40	-60	-120	??	120	60	40	30	24	20

そして，商が$120/x$であることは簡単に分かるので，求める式は$x=-3,-2,\ldots,6$に対する$120(2^x-1)/x$である．しかし，その次の項はもはや整数ではない．

しかし，この問題には越えなければならない山がまだある．欠落した項Pは$x=0$に対応していて，前述の式で計算すると$120\cdot 0/0$となるが，これは不定値である．これを計算するためには，微積分の基本である極限のテクニックを使わなければならない．その中でももっとも簡単なのはロピタルの定理で，この状況では$\lim_{x\to 0}120(2^x-1)/x$は分母分子それぞれの微分の比の極限と等しくなる．$2^x$の微分が自然対数を用いて$(\log 2)2^x$になることを思い出すと，求める値として$P=\lim_{x\to 0}120(\log 2)2^x/1=120\log 2=120\times 0.693147\cdots =83.17766\cdots$が得られる．これを「ペンローズ数」と呼ぶことを提案する．これはまさに極限へと導く無理（数の）難題である．

隣り合う項の比も調べてみるといい．それは2に収束するが，その極限は与えられた項からは簡単には分からない．

第 7 章

102. 数列あれこれ (1)

A. これらは $1, 2, 3, \ldots$ の英語表記の最後の文字である.

B. これらは逆アルファベット順に並べられた英語表記によって表される数,すなわち eerht, enin, eno, evif, ... のように英語表記の文字を末尾から逆に並べたときのアルファベット順である. orez (0) は ho や thguon と綴る人もいるので含めないことにした.

C. それぞれの項の英語表記は直前の項の最後の文字で始まる. したがって,両方の?は, e で始まり t で終わらなければならないから,あきらかに 8 は答えであるが 88 やそのほかの値を使うこともできるだろう.

103. 数列あれこれ (2)

A. これらは名前のアルファベット順に並べた月である. April (4月), August (8月), December (12月), February (2月), January (1月), July (7月), June (6月), March (3月), May (5月), November (11月), October (10月), September (9月).

B. これらは複数の語を組み合わせた英語表記で表される数において,一の位が先になる数から一の位があとになる数に変わる位置である.

ギリシア語： $\delta\omega\delta\varepsilon\kappa\alpha$ (12) — $\delta\varepsilon\kappa\alpha\tau\rho\iota\alpha$ (13)
 (dódeka — dekatria).
スペイン語： quince (15) — diez y seis (16)
フランス語： seize (16) — dix-sept (17)
イタリア語： sedici (16) — diciasette (17)
英語： nineteen (19) — twenty(?) (20)
 — twenty-one (21)

ロシア語： девятнадцать (19) — двадцать(?) (20)
— двадцать один (21)
(devyatnadtsat' — dvadtsat'(?)
— dvadtsat' odin)

アラビア語，ドイツ語，ヘブライ語，ノルウェー語では，11 と 12 に対する表記は少し不規則であるが基本的な形式は "1 と 10"，..., "9 と 10", "20", "1 と 20", ... と続く．ただし，接続詞は，母音が発音されなかったり完全に省略されたりしている場合もある．この規則性はたいてい100になると破られる．中国語，ハンガリー語，トルコ語などかなりの言語では，11以降で一の位が最後になる．ラテン語はややこしい．なぜなら，18 と 19 は，それぞれ "10 と 8" や "10 と 9" だけでなく "20 まで 2", "20 まで 1" もあり，17 は通常 "7 と 10" であるが "10 と 7" の場合もあるからである．（マヤ語では，ほかの言語とは逆に 13 で "10 と 2" から "3 と 10" に規則が変わる．）

C. これらはその英語表記に N を含まない数である．この数列の最後の数は 88 である．

D. これらはその英語表記に I を含まない数である．この数列の最後の数は 777,777 である．

E. これらはその英語表記に O を含まない数である．この数列の最後の数は 999 である．

F. これらはその英語表記が 3, 4, 5, ... 文字であるような最小の数である．

104. 数列あれこれ (3)

これらは，その英語表記に N を含まない数である．この数列の最後の数は 88 である．このような数の完全な一覧を作るのはそれほど難

しくない.

$$2, \quad 3, \quad 4, \quad 5, \quad 6, \quad 8,$$
$$12,$$
$$30, \quad 32, \quad 33, \quad 34, \quad 35, \quad 36, \quad 38,$$
$$40, \quad 42, \quad 43, \quad 44, \quad 45, \quad 46, \quad 48,$$
$$50, \quad 52, \quad 53, \quad 54, \quad 55, \quad 56, \quad 58,$$
$$60, \quad 62, \quad 63, \quad 64, \quad 65, \quad 66, \quad 68,$$
$$80, \quad 82, \quad 83, \quad 84, \quad 85, \quad 86, \quad 88,$$

したがって，このような数は42個しかない．

105. 数列あれこれ (4)

これらはその英語表記にOを含まない数である．この数列の最後の数は999である．このような数の個数を調べるためには，まず百の位の数字は何の制約もなく$3, 5, 6, 7, 8, 9$になりうることに注意する．つぎに1から99までの数を調べる．1から9までの間では$3, 5, 6, 7, 8, 9$があるが，10から19までの間には$10, 11, 12, 13, 15, 16, 17, 18, 19$がある．20から99までの間では$2, 3, 5, 6, 7, 8, 9$が十の位になることができ，$0, 3, 5, 6, 7, 8, 9$が一の位になることができるので，全部で49個になる．したがって，1から99までの間には$6 + 9 + 49 = 64$個ある．しかし，この前に百の位の数字を置こうとするときには00も許さなければならない．その結果として100から999までの範囲には$6 \times 65 = 390$個があり，したがって1から999の範囲には$390 + 64 = 454$個がある．これよりも大きい数の英語表記にはthousand, million, billion, ... を使うのでOが含まれる．ここまでに述べた中で最大の数は，まさに999である．

106. 数列あれこれ (5)

これらはその英語表記にIを含まない数である．この数列の最後の数は777,777である．このような数を列挙する場合には，threeが

thirteen や thirty として現れるという事実のせいで込み入ったものになる．

まず，1,000,000 以上のすべての数はその英語表記に I を含むことに注意して，ABC, DEF という形式の数を考える．原則として，それぞれの桁は 0, 1, 2, 3, 4, 7 の 6 種類の値をとることができる．しかし，B と E は 3 を値とすることができない．なぜなら，その英語表記が thirty になってしまうからである．ここまでで $6 \times 5 \times 6 \times 6 \times 5 \times 6 = 32400$ 通りの場合が残る．つぎに thirteen が生じる場合を取り除かなければならない．これが生じるのは，$BC = 13$ または $EF = 13$ であるとき，そしてそのときに限る．$A13, DEF$ の形をした数は $6 \times 6 \times 5 \times 6 = 1080$ 個ある．同様にして，$ABC, D13$ の形をした数も 1080 個ある．しかしながら，$A13, D13$ の形をした $6 \times 6 = 36$ 個の数は二重に数えている．したがって，000,000 から 999,999 までの範囲で英語表記に I を含まない数は $32400 - 1080 - 1080 + 36 = 30276$ 個ある．この種の問題では一般的であるように 1 以上の数を扱うのであれば，30275 個になる．

107. 初歩的なことだよ，ワトソン君

これらはすべて 1 文字の元素記号である．アルゴン (A)，ホウ素 (B)，炭素 (C)，フッ素 (F)，水素 (H)，ヨウ素 (I)，カリウム (K)，窒素 (N)，酸素 (O)，リン (P)，硫黄 (S)，ウラニウム (U)，バナジウム (V)，タングステン (W)，イットリウム (Y)．

1999 年にこの問題を BBC ラジオ 4 の番組「パズル・パネル」で出題したら，アルゴンの元素記号は Ar だというクレームがきた．しかしながら，（私が高校の化学科の生徒であったときに買った）1955–1956 *Handbook of Chemistry and Physics* を確認したところ，アルゴンの元素記号は A であった．その後の情報（今やウィキペディアにもある）では，1957 年に化学の命名法に関するしかるべき国際委員会に

より，この元素記号が変更されたことになっている．しかし，私はその委員会が実際にどのような決定を行ったかについての資料を見つけることはできなかった．また，なぜそのような変更を行ったのかも分かっていない．1966年の *Pears Cyclopedia* ではまだ A が使われていることが分かった．この変更の理由について，どんな情報でもよいので教えてほしい．

第8章

108. オオナゾ村の奇妙な親戚関係

これを解くやり方は何通りもある．もっとも単純な解き方は，パン屋のおかみさんはブリュワー夫人ではありえないことに着目する．（そうでなければ，パン屋のおかみさんは彼女自身と話したことになる．）パン屋を営んでいるのはベーカー氏ではないから，パン屋のおかみさんはベーカー夫人でもない．したがってパン屋のおかみさんはブッチャー夫人でなければならない．これで，蔵元を営んでいるのはブリュワー氏ではなく，また，今示したようにブッチャー氏でもないので，ベーカー氏でなければならない．そして，残った肉屋を営んでいるのはブリュワー氏でなければならない．肉屋を営んでいるブリュワー氏は自分の妹であるブリュワー嬢ともブッチャー嬢とも結婚できないから，ブリュワー氏はベーカー嬢と結婚していなければならない．

一般には，苗字と職業と夫人の旧姓の対応を表にすることができる．すると，パン屋のおかみさんが語った情報とつじつまの合う組合せは2通りしかないことが分かる．パン屋のおかみさんがブリュワー夫人でないという事実から，その2通りのうちのいずれであるかが決まる．実際には，このような情報の断片によってすべての組合せが決まる．

パン屋のおかみさんが彼女自身と話したのならば，パン屋のおかみ

さんはブリュワー夫人であり，もう一方の組合せ，つまり肉屋を営むベーカー氏はブリュワー嬢と結婚したことになる．

109. ハリウッドの殺人

最初の状況では，次のように系統的な推論を進めることができる．アリスが嘘をついているということは，アリスは誰が殺したか知らず，したがって，犯人はベニー，キャロル，ドナルドの可能性がある．ベニーが嘘をついているということは，犯人はアリス，キャロル，ドナルドの可能性がある．キャロルが嘘をついているということからも，犯人はアリス，キャロル，ドナルドの可能性がある．ドナルドが嘘をついているということは，犯人はベニーかキャロルの可能性がある．全員が嘘をついていることとつじつまが合うのは，キャロルが犯人の場合だけである．

2番目の状況では，まずアリスだけが嘘をついている場合を考え，つぎにベニーだけが嘘をついている場合を考える，というように系統的に調べられる．しかしそれよりも，ベニーとキャロルが同じことを言っているので，二人はともに嘘をついているか，あるいはともに本当のことを言っていると分かる．嘘をついている者は一人だけなので，この二人は本当のことを言っていなければならず，したがってベニーが犯人である．このとき，ドナルドだけが嘘をついている．

110. イカれた秘書

状況を調べるために，手紙と封筒の数が少ない場合から始めよう．手紙が1通だけの場合にはフラビット女史が間違うことはありえず，問題は起こらない．手紙が2通の場合には間違った封筒への入れ方は1通りしかないので，私はまったく封筒を開けることなくそれぞれの封筒にもう一方の手紙が入っていることが分かる．

3通の手紙A, B, Cの場合には，それらを間違った封筒A, B, Cに

入れる順序はB, C, AとC, A, Bという2通りだけである．したがって，私は少なくとも1通の封筒を開けなければならないことが分かる．封筒Aを開けてみると，それには手紙Bか手紙Cが入っていなければならず，これで残りの2通の封筒にどの手紙が入っているかが完全に決まる．この場合から，3通の未開封の封筒が残っているときには，その中身を推測できないことは明らかである．手紙が2通や3通の場合から，2通の未開封の封筒が残っているときには，それらの中身を推測できるように思えるかもしれない．しかし，2通の封筒AとBが残っていて，それらに手紙CとDが入っていることが分かっているとしよう．このとき，どちらの手紙がどちらの封筒に入っているか推測できず，どちらか一方の封筒を開ける必要がある．しかし，3通の手紙の場合にはこのようにはならない．この場合をもっと詳しく見てみよう．封筒Aを開けると，その中には手紙BかCが入っている．入っているのが手紙Bならば，手紙AとCの入っている2通の封筒BとCが残る．封筒Cに手紙Cが入っていることはないので，手紙Cは封筒Bに，手紙Aは封筒Cに入っていなければならない．これは，残された2通の未開封の封筒を調べようとするときに，残された2通の手紙の一方の宛先がこれら2通の封筒の一方であれば，その手紙はもう一方の封筒に入っていなければならないということである．

封筒AとBに手紙CとDが入っている場合を考えたことで分かるように，この状況は常に起こるわけではない．しかし，何らかの戦略を用いてこれが常に起こるようにできないだろうか．その答えは「できる」であり，それには次のような単純なやり方を使えばよい．無作為に2通を除いた残りの封筒すべてを開けるのではなく，ある封筒から開け始める．その封筒をA宛てとする．封筒Aに入っている手紙を調べると，それはほかの人宛てなので，それをBと呼ぶ．そこで，B宛ての封筒を探してそれを開けると，C宛ての手紙が入っている．

その封筒にB宛ての手紙を入れたらC宛ての封筒を探す，というように続ける．この手順を繰り返してA宛ての手紙が見つかったら，また最初からやり直すだけである．これで2通を除いた残りの封筒をすべて開けたとき，手元にあるのはたかだか対になっていない1通の開いた封筒と1通の手紙だけである．手元にあるのが1通の開いた封筒と1通の手紙ならば，3通の封筒のうちの1通だけを開けた場合と同じ状況にある．対になっていない手紙と封筒が手元にないならば，まだ開いていない2通の封筒の場合と同じ状況にある．いずれの場合も，残った2通の未開封の封筒それぞれにどの手紙が入っているかが分かる．

111. 質屋にて

誰もがこのお人好しの友人が損をしたと考えたに違いない．彼がジョージ叔父さんから100ドルの手形を受け戻すためには，さらに75ドルを払わなければならないので，結果として100ドルのために150ドルを払うことになる．彼は二度とこの過ちを犯さないだろう．しかし，全員が思い込みをしている誤解がある．どうやら何も質に入れる必要はなかったのである．ジョージ叔父さんはあなたのものを預からずにお金を貸してくれるが，これには利子がつく．地元の質屋は，現在のところ利子は1か月につき（また，1か月未満の場合も）4パーセントだと言っている．この100ドルの手形は数日だけ質に入れられていたので，75ドルの貸金に対する利子は3ドルになり，この手形を受け戻すためにお人好しは78ドルを支払わなければならない．

［これはルイス・キャロルのお気に入りのパズルである．それより前にこの問題に言及している文献を知らない．］

［1997年7月に，利率は単利で6か月まで月6パーセントであり，その後，質草の多くは競売に出されると書かれた記事を見た．質屋の取り分は貸金の136パーセントで，残りは質入主のものとなる．］

112. 舗装費用負担問題

州道からエーブルのところまでの道路を考えてみよう．4人全員がその道路を使うので，その1マイルの費用は4人がそれぞれ4分の1ずつ支払うべきである．すなわち，4人はその1マイルに対して300ドルずつ拠出すべきである．しかし，次の1マイルを使うのはベーカー，チャーリー，ドグだけなので，この1マイルに対してはこの3人が400ドルずつ支払うべきである．同じようにして，その次の1マイルに対してはチャーリーとドグがそれぞれ600ドル，そして，最後の1マイルに対してはドグが1200ドルを支払うべきである．これらを合計すると，エーブルは300ドル，ベーカーは700ドル，チャーリーは1300ドル，ドグは2500ドルを支払う．

この提案は，全員が妥当とは感じられないかもしれない．実際，ドグは手を引くと脅した．ドグは，道路がチャーリーのところまで舗装されるのを待ち，それから最後の1マイルに1200ドルを払うだけにすると言う．また，エーブルは州道を使うような仕事はないと言っているが，チャーリーはエーブルが州道に出入りするのに使うのではないかと疑っている．

驚くほど古くからこの種の問題はある．スリダーラの『パティガニタ』には，宗教的な踊り手の一座が4人の男に丸1日の奉仕を行う話がある．1人目の男は4分の1日後にそこをあとにし，2人目の男は半日後に，そして，3人目の男は4分の3日後にそこをあとにした．このとき，費用は道路の場合と同じように3:7:13:25に按分される．この場合には議論の余地はないように思われる．

113. 真か偽か

あなたはまず「私は正直島から来て，ここは正直島である」と答えるべきである．あなたが正直島にいるならば，あなたは本当のことを

言っていて，住民はあなたを正直者と認めるだろう．あなたが嘘つき島にいるならば，あなたは嘘をついていて，住民はあなたを嘘つきと認めるだろう．

あなたの置かれた状況の複雑さは非常に複雑な質問をするように仕組まれたものであるが，実際にはあなたの質問は非常に簡単である．事実に基づいて答えるような単純な質問であれば，どのようなものでもよい．たとえば，「この島に住んでいるか」や「太陽は輝くか」などである．（もちろん，後者の質問は，太陽が輝くかどうかがあきらかであることを仮定している．）

［このような単純さにもかかわらず，正直者と嘘つきの問題は，1930年ごろ以降に現れたように思われる．私の知っているもっとも古い例は，1929年6月にネルソン・グッドマンがボストン・ポスト紙の頭の体操欄で出題したものだ．これは，グッドマンからマーチン・ガードナーへのおそらく1960年代の手紙に記述されていることから分かった．グッドマンはその手紙の中で，「論理学からこの作り話を考案し」新聞に投稿したと述べている．私はこのような問題がいつ現れたかについてつねづね興味をもっている．

この問題の後半は，ペーター・エルディンの *Amaze and Amuse Your Friends* (1973) の問題から改作した．］

114. ホームズ対レストレード

ホームズは「ヨランダが殺ったのか」とゼニアに尋ねた．ゼニアが犯人ならば，意のままに「はい」か「いいえ」と答えるだろう．しかし，ゼニアが無罪ならば真実を述べるだろう．したがって，ゼニアが「はい」と答えたならば犯人はゼニアかヨランダのいずれかであり，ゼニアが「いいえ」と答えたならば犯人はゼニアかゼルダのいずれかである．いずれの場合も無実の者が分かり，その無実の者にゼニアが殺ったかどうかを尋ねることで犯人を特定できる．

この二つの質問をうまく組み立てる方法はほかにも数多くある.「はい」か「いいえ」で答えられる質問一つだけでは3人の容疑者の中から犯人を特定できないことは明らかである.しかし,あらかじめ二つの質問それぞれをどの容疑者に尋ねるか決めておいて犯人を見つけられるかどうかは分からない.ホームズは,あらかじめどのような質問をするかは決めていたが,最初の質問の答えを使って次に誰に尋ねるかを決めた.おそらくレストレードは,ヨランダが殺したかどうかをゼニアに尋ね,それからゼニアが殺したかどうかをヨランダに尋ね,最後にゼニアが殺したかどうかをゼルダに尋ねようと考えていたのだろう.

〔F.W. シンデンの Logic Puzzles, *Studies in Mathematics* (School Mathematics Study Group) XVIII (1968) 197–201 にある問題から改作した.〕

115. 何時の鐘か

1時間半起きていることができ,そのときの時刻は1時30分か2時である.これは次の2通りの状況で起こりうる.

鐘が1回鳴るのを聞きながら目覚めたとすると,それが正時の鐘の一部かどうかは分からないので,正時かもしれないし,30分かもしれない.30分後にまた1回の鐘の音を聞く.これで,何時30分か1時ちょうどであることが分かる.さらにもう30分後に再び1回の鐘の音を聞く.これで,1時か1時30分でなければならないことが分かるが,そのどちらであるかは,さらに30分後の鐘の音を聞くまで分からない.そのときに4連続で1回の鐘の音を聞けば1時30分であり,2回の鐘の音を聞けば2時である.

一方で,鐘が鳴った直後に目覚めたが,鐘の音は聞かなかったとしよう.30分後に1回の鐘の音を聞くと,前述の状況と同じになる.しかしながら,この場合には4連続で1回の鐘の音を聞くことはなく,

前述の場合よりも起きていた時間は1秒ほど短くなる．

[サム・ロイドの *Sam Loyd and His Puzzles* (1928) の問題から改作した．]

116. ハゲしい状況

この問題をどのように解釈するかによって，2人か238人という答えになる．

住民の中でもっとも髪の毛の多い人は N 本の髪の毛があると仮定しよう．あきらかに N はかなり大きく，237 よりも確実に大きい．このとき，髪の毛の本数が $1, 2, \ldots, N$ 本のいずれかである住民が $N + 237$ 人いる．最初の $N - 1$ 人の住民の髪の毛がそれぞれ $1, 2, \ldots, N-1$ 本であったとすると，最後の 238 人の住民の髪の毛は N 本になり，髪の毛が同じ本数の人が 238 人いることになる．

別の状況として，最初の $N - 237$ 人の住民の髪の毛がそれぞれ $1, 2, \ldots, N - 237$ 本ということもあるだろう．このとき，残りの 474 人は 2 人 1 組になって，2 人ずつの髪の毛がそれぞれ $N - 236, N - 235, \ldots, N$ 本になりうる．すると，髪の毛の本数が同じ人はたかだか 2 人である．しかし，髪の毛の本数がほかの誰かと同じである人は 474 人である．ピアソンが想定した答えはこれに違いない．しかし，問題をこのように解釈したとしても前者の場合の答えは 238 人になってしまう．

117. 暗闇にて

最初の場合には，同じ色の靴下 1 足が確実に含まれているためには 3 つの靴下が必要である．しかし，左手の手袋を取り出す前に，10 個の手袋がすべて右手であるかもしれないので，11 個の手袋を取り出す必要があり，合計で 14 個になる．

2 番目の場合はそう単純ではない．両方の色の靴下 1 足が確実に含

まれているために12個の靴下を取り出せばよく，同じ色の手袋1組を取り出すために11個の手袋を取り出す必要があり，合計で23個になる．しかし，両方の色の左右の手袋が確実に含まれているために16個の手袋と，同じ色の靴下1足が確実に含まれているために3個の靴下を取り出せばよいので，合計は19個になる．

118. コナゾ村の奇妙な親戚関係

まず，スミス氏がジョーンズ嬢と結婚したと仮定しよう．このとき，ジョーンズ氏がスミス嬢と結婚したとすると，ロビンソン氏は自分の娘と結婚しなければならないが，これは許されない．したがって，ジョーンズ氏はロビンソン嬢と結婚し，ロビンソン氏はスミス嬢と結婚したことになる．すると，スミス氏の義理の父はジョーンズ氏で，ジョーンズ氏の義理の父はロビンソン氏であり，ロビンソン氏はスミス嬢と結婚した．

つぎに，スミス氏がロビンソン嬢と結婚したと仮定しよう．このとき，ロビンソン氏はジョーンズ嬢と結婚し，ジョーンズ氏はスミス嬢と結婚したことになる．すると，スミス氏の義理の父はロビンソン氏で，ロビンソン氏の義理の父はジョーンズ氏であり，ジョーンズ氏はスミス嬢と結婚した．

与えられた情報からこの二つの場合のどちらが実際に起こったのかは決まらないが，いずれの場合も問題の答えは同じでスミスである．

119. 4組の嫉妬深い夫婦

4組の夫婦をA, a, B, b, C, c, D, dとし，左岸(L)から右岸(R)へと渡るものと仮定する．船が1往復するたびに，右岸の人数の変化はたかだか1人である．船が何往復かしたあとで，3人が右岸にいることになる．嫉妬深い夫の条件によって，この3人は妻でなければならない．このような状態になる最後のときを考える．このとき，右岸に

4 人がいるようになるためには，次の 1 往復で 2 人が右岸に渡り，1 人が左岸に戻らなければならない．しかし，その 2 人は，2 人の夫や 1 組の夫婦ではありえない．なぜなら，右岸に夫を伴わない妻がいることになってしまうからである．また，左岸には妻は 1 人しかいないので，妻が 2 人ということもありえない．したがって，3 人が右岸にいるときに，船を行き来させて 4 人に増やす方法はない．

中の島 (I) がある場合に，右岸と左岸を直接移動せずに 4 組の夫婦が渡る方法は次のとおり．

ab が L から I に渡り，b が L に戻る．

bc が L から I に渡り，c が L に戻る．

AB が L から I に渡り，ab が I から R に渡り，b が I に戻る．

AB が I から R に渡り，B が I に戻り，さらに L に戻る．

cd が L から I に渡り，d が L に戻る．

BC が L から I に渡り，さらに R に渡り，a が I に戻る．

ab が I から R に渡り，C が I に戻り，さらに L に戻る．

CD が L から I に渡り，さらに R に渡り，b が I に戻る．

bc が I から R に渡り，b が I に戻り，さらに L に戻る．

bd が L から I に渡り，R に渡る．

このように川を 26 回渡るのが最小である．なぜなら，2 人乗りの船を使ってもっとも少ない回数の移動で川を渡れる可能性があるのは，この解のように，L から I へと渡るすべてのときや I から R へと渡るすべてのときには 2 人が乗船し，R から I へと渡るすべてのときや I から L へと渡るすべてのときには 1 人だけが乗船している場合だからである．嫉妬深い夫の条件がなかったとしても，8 人が一つの流れを越えて移動するためには，少なくとも 13 回はその流れを渡ることになり，この問題では岸から岸へと直接移動することは許されないので，二つの流れを越えなければならない．

岸から岸へと直接移動することが許される場合は，私の学生であるイアン・プレスマンが計算機を用いて探索して次のような16回で渡る解を見つけ，これが最短であることを示した．

abがLからRに渡り，bがLに戻る．

bcがLからIに渡り，cがLに戻る．

ABがLからRに渡り，BがLに戻る．

CcがLからRに渡り，cはRからIに戻り，bがIからLに戻る．

BbがLからRに渡り，CがLに戻る．

CDがLからRに渡り，aがLに戻る．

adがLからRに渡り，aがRからIに戻り，acがIからRに渡る．

［この4番目の移動がこうでなければならないのか，すなわち，Ccが中の島までしか渡らないようにできるかは問題である．この問題を避けることができるかどうかは分からない．］

120. 家族の川渡り

子供1は子供3を向こう岸に渡し，それから1よりの大きい奇数番号の子供 $5, 7, \ldots$ 全員を向こう岸に渡す．父親は子供1を向こう岸に渡して戻ってくる．父親は子供2を向こう岸に渡し，子供1が戻ってくる．子供1は子供4を向こう岸に渡し，それから偶数番号の子供 $6, 8, \ldots$ 全員を向こう岸に渡す．そして，最後の偶数番号の子供を渡したときに子供1も向こう岸にとどまる．

子供1, 2と最後の偶数番号の子供を除き，すべての子供は子供1によって向こう岸に渡してもらって子供1は戻るので，川を $2(N-3) = 2N-6$ 回渡る．これに，途中で川を4回渡るのと，最後の偶数番号の子供と子供1が川を渡るのを加えると，合計で $2N-1$ 回になる．実際，これは同席に関する制約がない場合でさえ $N+1$ 人が川を渡るときの最小回数である．

121. オオナゾ村の幸せな家族

　妻を亡くした3人の夫とその娘による同種の問題では，起こりうる結婚の組合せは2通りしかなく，その両方の場合を考えた．この問題では，実際には9通りの組合せがあり，それらすべてを調べるのは面倒である．そこで，9通りすべてを調べるのではなく，4人の男性に対する「義理の息子」関数を考えよう．これは，4人の男性の置換なので，義理の息子をたどっていくと，いつかは出発点に戻らなければならない．すなわち，この推移はどの男性から始めても循環しなければならない．すべての一巡を集めると，すべての男性はそれらの一巡の中に1回だけ現れる．したがって，すべての一巡の長さの合計は4になる．どの男性も自分自身の母親とは結婚できないので，長さ1の一巡はない．その結果として，長さ3の一巡もなく，起こりうるのは次の2通りの状況だけである．それは，長さ4の一巡が一つだけの場合と長さ2の一巡が二つの場合である．前者の一例は，アーチャー氏がベーカー家の未亡人と結婚し，ベーカー氏がコブラー家の未亡人と結婚し，コブラー氏がダイヤー家の未亡人と結婚し，ダイヤー氏がアーチャー家の未亡人と結婚する場合である．このような組合せは，ベイカー，コブラー，ダイヤーの6通りの置換に対応して6通りある．後者の一例は，アーチャー氏がベーカー家の未亡人と結婚し，ベーカー氏がアーチャー家の未亡人と結婚し，コブラー氏がダイヤー家の未亡人と結婚し，ダイヤー氏がコブラー家の未亡人と結婚する場合である．このような組合せは，アーチャーが結婚する相手に対応して3通りある．2は4の約数なので，いずれの状況でもどの男性の4段義理の息子は彼自身になる．

　[3組の夫婦の場合にも同じように解析することができ，起こりうるのは長さ3の一巡だけである．5組の夫婦の場合にはこれほど簡単にはいかない．]

122. 4人の曾祖父母

一つ目の状況として，二組の夫婦A＋BとC＋Dを考える．それぞれの夫婦には子供がいて，それを息子Eと娘Fとしよう．この二組の夫婦は離婚して，それからA＋DとC＋Bのように再婚し，息子Gと娘Hをもうける．次に，EとFが結婚して息子Iをもうけ，GとHが結婚して娘Jをもうける．EとFはいずれもGとHと異父母きょうだいなので，IとJは一種の「二重半いとこ」である．この二人が結婚（これはおそらく許されるだろう）すると，二人の子には4人の曾祖父母しかいない．

二つ目の方法は，実際にはもう少し単純である．二組の夫婦A＋BとC＋Dから始めて，A＋Bが二人の息子EとFをもうけ，C＋Dが二人の娘GとHをもうける．ここで，この兄弟がこの姉妹と結婚し，夫婦E＋GとF＋Hが息子Iと娘Jをもうける．この場合も，IとJは一種の「二重いとこ」である．その二人が結婚（これは許されるかもしれない）すると，二人の子は同じように4人の曾祖父母しかいない．現在のところ，二つ目の場合よりも一つ目の場合のほうが生じやすいように思われる．

［この時点では，このような状況が実際に生じた例を知らなかったが，ウィリアム3世の母はジェームズ2世の妹メアリーで，ジェームズ2世はウィリアム3世の妻の父，すなわちウィリアム3世とメアリーはいとこであり，したがってこの二人の子供たちには6人の曾祖父母しかいないことになる．

あとで，ヴィクトリア女王と夫のアルバートはいとこであることが分かった．したがって彼らの子供たちには6人の曾祖父母しかいない．さらにそのあと，スペインのドン・カルロス王子 (1545–1568) には4人の曾祖父母しかいないことが分かった．おそらく誰かが詳細を教えてくれるだろう．］

第9章

123. 狩人の帰還

これはどう見ても不可能に思われるが，実際にはきわめて簡単である．ハイアワサは北極点から10マイル未満の距離であれば北極点以外のどこにいてもよい．そこから北に向かって10マイル進むと，北極点を通り越して，さらに少しだけ進む．そこで昼食をとったあと，来た道を戻る．

［この問題は私が1980年頃に考案した．この問題がさまざまな本で使われているのを見かけた．］

124. がたがたテーブル

このテーブルを置いたところを考えてみよう．その脚の先端の一つは宙に浮いている．（実際には，このテーブルは対角線に位置する二つの脚の先端が地面に接していてがたがたと揺れ動くが，三つの脚の先端が地面に接することで安定していると考える．）この宙に浮いている脚の先端をAとして，残りの三つの脚の先端を順にB, C, Dとする．回転している間は先端CとDが地面に接するようにして，先端BがAのあったところにくるようにテーブルを90°回転させたと想像しよう．テーブルの対称性によって，Aの「ガタつき」（すなわち，先端Aと地面の距離）は，今度はBのガタつきになり，先端Aは地面に接している．回転中のある時点でAのガタつきはゼロになり，

その時点ではBのガタつきがないので、これが求めるテーブルの位置である。

より正確には、aとbをそれぞれAとBのガタつきとする。$a_0 > 0$を最初の時点でのAのガタつきとする。このとき、差$a - b$を考える。この値は、回転前の状態では$a_0 > 0$であり、$90°$回転後の状態では$-a_0 < 0$である。したがって、回転の途中のある状態ではこの値は0、すなわち$a = b$にならなければならない。しかし、$a = b > 0$になることはない。これは、隣り合う二つの脚の先端が同時に宙に浮くことはないからである。したがって、この時点で$a = b = 0$になる。

［数学の得意な読者は、この証明が連続関数に対する中間値の定理を使っていることを見抜いているだろう。これは、連続関数の基本的な性質の一つであり、一般的な読者にとっても直感的にもっともだと思えるものである。私がそれほど庭仕事をしていないと私の友人たちは思っているだろうが、私の中庭を連続な曲面と仮定するのはそんなに理不尽なことではない。また、テーブルの脚の先端は点であることも仮定したが、これも近似としては正しい。2014年11月に、この解は地面が極端にでこぼこしていないことに依存していると言われたが、詳細は分からなかった。情報を求む。］

125. マッチ棒でテトロミノ4個に分割

単位正方形4個で構成される連結領域には次の図のようなものがあり、テトロミノと呼ばれる。

これらは，右下の正方形を除いてすべて境界が10単位長であり，正方形の境界は8単位長である．これらの図形4個を使って4×4の正方形を作ると，16単位長の（すでに描かれている）外周と，内部にあるn単位長の（マッチ棒で作る）境界になる．外周にある単位線分はそれぞれ一つのテトロミノに属し，内部の単位線分はそれぞれ2個のテトロミノに属する．したがって，4個のテトロミノの境界は，合計で$16 + 2n$単位長になる．この数は，次の4数の和のいずれかに等しくなければならない．

(a) $8 + 8 + 8 + 8 = 32$
(b) $8 + 8 + 8 + 10 = 34$
(c) $8 + 8 + 10 + 10 = 36$
(d) $8 + 10 + 10 + 10 = 38$
(e) $10 + 10 + 10 + 10 = 40$

したがって，nは$8, 9, 10, 11, 12$のいずれかでなければならない．

マッチ棒が$n = 8$本であれば(a)の場合になり，作ることのできるパターンは1通りしかない．$n = 9$の場合は，正方形のテトロミノ3個とほかのテトロミノ1個でなければならない．しかし，3個の正方形のテトロミノを4×4の領域に置いて正方形のテトロミノ以外の連結領域を残すことはできない．したがって$n = 9$は不可能である．$n = 10$の場合は，正方形のテトロミノ2個とI型のテトロミノ2個を使えばよく，作ることのできるパターンは3通りある．$n = 11$の場合は，正方形のテトロミノを1個使う．4通りのパターンがあるが，そのいずれもL型のテトロミノ2個とI型のテトロミノ1個を使う．$n = 12$の場合には多くの解があるが，すべてを見つけることはできなかった．したがって，この問題の答えは，$8, 10, 11, 12$である．

126. 常軌を逸する

線路の両端を A と B とし,その中点を C とする.その中点を C′ に持ち上げると,両端は次の図に示したように A′ と B′ の位置になる.

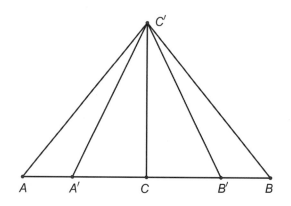

このとき,(線路がまっすぐになったままであると仮定すると) A′CC′ は直角三角形であり,A′C′ = 2640 フィート,C′C = 200 フィートである.したがって,$(A'C)^2 = 2640^2 - 200^2 = 6929600$ より A′C = 2632.41… フィートになる.つまり,AA′ = 2640 − A′C = 7.59 フィートなので,両端はこの値を 2 倍した 15.17 フィート,すなわち 15 フィート 2.08 インチだけ近づく.

したがってジョナサン・アルウェーの答えが正しい.リプレーが書いたように AA′ が約 3 インチ,すなわち 0.25 フィートならば,$(C'C)^2 = 2640^2 - 2639.75^2 = 1319.94$ であり,したがって C′C = 36.33 フィートとなる.リプレーが何を意図したかを解明することはできないが C′C は約 1 ヤードになる.

127. ニューヨークの斜塔?

2 本の橋塔の根元を A, B とし,それぞれの先端を A′, B′ とする.

Oを地球の中心とする．図に示すように，dをAとBの距離，DをA′とB′の距離，hを橋塔の高さ，Rを地球の半径とする．

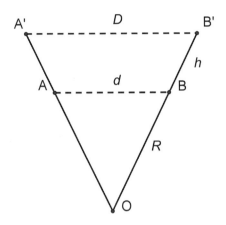

相似な三角形，あるいは相似な扇形によって，

$$D/d = (R+h)/R$$

になる．$e = D-d$とすると$(d+e)/d = (R+h)/R$なので，$e/d = h/R$であり$h = eR/d$となる．問題で与えられた数値を使うと，

$$h = (1 + 5/8)(4000/1) = 6500 インチ$$
$$= 541.67 フィート = 541 フィート 8 インチ$$

になる．

［これらの数値はかなり前に見たものであるが，それらがどれほど正確であるかは分からない．］

128. 正方形の分割 (1)

正方形を対角線に沿って折る．そうしてできあがった三角形を，その直角の二等分線に沿って折る．この直角の二等分線はもとの正方形

のもう一方の対角線である．これで直角三角形ができあがる．そして，もとの正方形の対辺の中点を結ぶ二等分線はいずれもこの三角形の直角の二等分線と重なっている．したがって，この二等分線に沿ってハサミを入れると4個の正方形が得られる．

4個の三角形に分割するには，正方形の対辺の中点を結ぶ二等分線ではなく2本の対角線が一つにまとまるように折りたたむ．したがって，一方の対辺の中点を結ぶ二等分線に沿って折り，それからもう一方の対辺の中点を結ぶ二等分線に沿って折れば正方形が得られ，もとの正方形の中心であった角を通る対角線に沿ってハサミを入れればよい．

［もう少し折りたたむと，ハサミを1回入れるだけで正方形を9個の正方形に分割することもでき，実際には mn 個の長方形に分割することができる．この方法は何年か前に発見した．マーチン・ガードナーは，これが古くからある手品師の使うトリックだと教えてくれた．しかし，1940年のドイツ語の手品本にあるのをつい最近見つけるまで，印刷物でこれを見たことはなかった．］

129．正方形の分割 (2)

一つ目の問題の解は次のとおり．

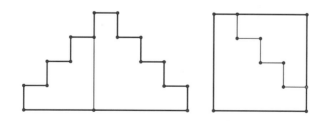

二つ目の問題の解は次のとおり．

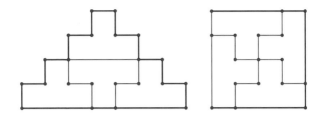

130. ケーキの等分割

　答えはきわめて簡単である．単純にケーキの外周を5等分して，ケーキの中心からその等分点へと包丁を入れればよい．これよりも，一つの側面を等しい5個の部分に分割すると考えるほうが簡単である．このケーキを真上から見ると，この切り方によって同じ高さと同じ底辺の長さをもつ5個の三角形になることが分かる．したがって，5分割されたそれぞれのケーキの体積と上面の砂糖の量は同じになり，側面の砂糖の量も同じになる．ケーキ全体の分割としては，それぞれの人の取り分はこのような三角柱4個から構成されることになる．しかし，それらは正方形の頂点をまたいだ2辺に及んでいるかもしれないので，それぞれの取り分が等しいことはそう簡単には分からない．

　［砂糖の厚みは無視できると仮定した．この仮定はクリスマスケーキでは正しくない．この分割方法は砂糖に厚みがある場合にも使えるが，それぞれの取り分が等しいことを示すための形状の解析は少し面倒になる．］

131. ボートの回収

　一人が池の縁でロープの端をもつ．あるいは，ロープを何か適当な物に結びつけておいてもよい．そして，ほかの者がロープの反対側

の端をもち，ロープをたるませないようにしながら池の周りを歩く．ロープはボートに引っかかり，池の岸まで動かされるだろう．ロープは池の反対側に届くだけの長さが必要であるが，ボートが池の中心にあるときにロープをボートまで伸ばして戻ってこれると問題で述べられているので，これは保証されている．ロープは沈むかもしれないと反論されるかもしれない．ほとんどのロープの比重は水よりもそれほど大きくなく，水よりも小さいものもある．しかし，このことが心配なのであれば，ロープの中央に近いあたりに枝を何本か結びつけておけばロープがボートの下を通ることなくボートを捕まえられる．ロープが十分軽いのであれば，ロープの中央が水面に触れるように二人でロープを吊るしてもよい．

［除外されるようにしたものの，ほかの方法も考えられるに違いない．クラパム・コモンでは凧揚げをしている人をよく見かけるので，凧を使ってボートの位置まで紐を運んでボートを捕まえることもできるだろうが，これはいささか機械仕掛けに頼った解である．］

132. 堀の橋渡し

正方形の堀の場合には，1枚目の板を堀の角を横切るように斜めに渡す．このとき，この板の中心は堀の角から $L/2$ の距離にある．2枚目の板の端をこの中心に置くと，$L + L/2 \geq \sqrt{2}$，すなわち $L \geq 2\sqrt{2/3} = .9428$ ならば島に渡る歩道ができる．L は1単位より数パーセントだけ短いので，L は .9428 よりも十分大きく，この計算において板の幅は無視してもよい．

円形の堀の場合には，円形の堀の弦になるように1枚目の板を渡す．s を島からその板の中心までの距離とすると，$(r+s)^2 + (L/2)^2 = (r+1)^2$ である．この式から $s = -r + \sqrt{(r+1)^2 - (L/2)^2}$ が得られ，$s \leq L$ ならば島に橋をかけることができる．$r = 0$ の場合は $s = \sqrt{1 - L^2/4}$ であり，$s \leq L$ となるのは，$1 - L^2/4 \leq L^2$，す

なわち $L \geq 2/\sqrt{5} = .8944$ であるとき，そしてそのときに限る．したがってかなり短い板でも橋をかけることができる．$r = 1$ の場合は $s = -1 + \sqrt{4 - L^2/4}$ であり，$s \leq L$ となるのは $4 - L^2/4 \leq (L+1)^2 = L^2 + 2L + 1$ であるとき，そしてそのときに限る．この式を変形すると $5L^2/4 + 2L - 3 \geq 0$ が得られ，この不等式は，L がこの2次式の正の根に等しいかそれよりも大きいとき，すなわち $L \geq (-4 + 2\sqrt{19})/5 = .9435$ のときに成り立つ．

［おまけの問題は円形の堀の場合のほうが簡単に解ける．$R = r + 1$ を堀の外縁の半径とする．いくつかの板をこの円の弦になるように置く．島の中心からこれらの板の中心までの距離を R_1 とすると，${R_1}^2 = R^2 - L^2/4$ である．十分多くの弦を重なるように用いると，実質的に堀は半径 R_1 の円になる．この手続きを繰り返すと，${R_2}^2 = {R_1}^2 - L^2/4 = R^2 - 2L^2/4$ とするとき，堀の半径は R_2 になる．一般に，この手続きを n 回繰り返すと，堀の半径の平方を $R^2 - nL^2/4$ にすることができ，これがいつかは 0 になる．］

133. 中心を求める

円の描かれた紙をメモ帳から切り離す．メモ帳の角が円にぴったりと接するように，メモ帳を円の上に置く．直径を見込む円周角は直角であり，その逆も成り立つので，メモ帳の2辺は直径の両端で円と交わる．その直径の両端に鉛筆で印をつけ，メモ帳の縁を使って直径を引く．これを別の直径に対しても繰り返す．その2本の直径の交点が円の中心である．

この方法はちょっとずるいと思われるかもしれないが，メモ帳は使ってよいと言ったはずだ．別の方法としては，紙の角を円に接するように折り曲げ，そして紙の縁を折り曲げて直径を引けば，メモ帳さえ使わずにこの問題が解ける．

134. 誤った切り方

この解が間違いなのは，一方の部分を移動させて組み合わせた結果が正方形ではなく，2個の余分な単位正方形が飛び出した3×6の長方形になるからである．この切り方でうまくいくとしたら，もとの生地は正方形ではなく7×5の長方形でなければならず，次の図のように切って5×6の長方形にすることができる．

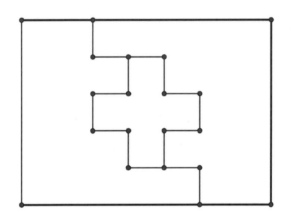

135. 良くも悪くも

最短経路を見やすくするために，円筒のクモのいる位置と直径の反対側を軸に沿って切り開き，広げて平らにする．すると，高さ6インチ，幅30インチの長方形になり，水平な二等分線に沿って，たとえば右端から6インチのところにクモはいる．ハエのいるところまで行くために，クモは円筒の端（すなわち長方形の左右の端）まで行って，そこから円筒の外側に出なければならない．この経路の二つの部分を調べるために，長方形を右端で反転させたものを考える．すると最短距離は，クモからハエの位置を反転させた点までの直線になる．

ハエがクモとは直径の反対側にいれば，ハエは長方形の上辺と下辺の両方にいると考えなければならないので，クモには（後述するように少なくとも）対称的な 2 通りの最短経路がある．長方形上でのクモとハエの鉛直方向の差（すなわち，ハエが水平な二等分線からどれだけ離れているか）を v で表し，クモから 6 インチの距離にある辺からハエまでの距離を f インチとする．クモがその近いほうの辺を経由するならば，最短経路の長さ d_1 は $d_1{}^2 = v^2 + (f+6)^2$ になる．しかし，クモが遠いほうの辺を経由するならば，最短経路の長さ d_2 は $d_2{}^2 = v^2 + (24+30-f)^2$ になる．

この二つの式が等しくなるのは，$f = 24$ であるとき，そしてそのときに限る．

このことは，三平方の定理を使うまでもなく分かる．垂直成分は等しいので，最短距離が等しいのは，水平成分が等しいとき，すなわち $f + 6 = 54 - f$ であるとき，そしてそのときに限る．したがって，$f = 24$ である．このとき，ハエとクモから遠い辺との距離は，クモとクモから近い辺との距離に等しい．

クモに近い辺から 24 インチの距離で，クモとは直径の反対側にハエがいれば，クモからの最短経路は 4 通りになる．

136. お手上げ！

角にある 2 個の玉の中心 A と B からラックに垂線を下ろすと，ラックの内側の辺は，長さ $8r$ の中央部分と，両端のそれぞれの長さ CD の部分から構成されることが分かる．

252　　解　答

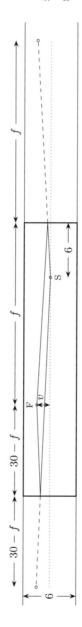

135. 良くも悪くも　参考図

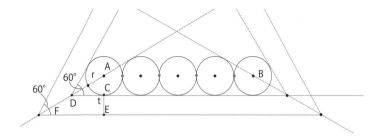

∠CAD = 60° なので，CD = $\sqrt{3}$ CA，すなわち CD= $r\sqrt{3}$ が得られる．したがって，ラックの内側の辺の長さは $(8+2\sqrt{3})r = 11.46r$ である．ラックの外側の一辺の長さは，$8r$ に EF の長さの2倍を加えたものである．EF は $\sqrt{3}(r+t)$ なので，外側の一辺の長さは $8r + 2\sqrt{3}(r+t)$ である．

137. ヤギとコンパス

納屋の大きさを $2a \times 2b$ とする．（2倍してあるのは，あとで分数になるのを避けるためである．）すると，ロープの長さは $2a + 2b$ になる．長さ $2a$ の辺の中点から杭までの距離を x とする．ただし $x \leq a$ である．このとき，ヤギが草を食べることのできる領域は

(1) 半径 $2a + 2b$ の半円
(2) 半径 $2b + a + x$ および $2b + a - x$ の四半円
(3) 半径 $a + x$ および $a - x$ の四半円

これらの面積を合計すると，食べられる草のある面積は

$$3\pi a^2 + 6\pi ab + 4\pi b^2 + \pi x^2 = 3\pi(a+b)^2 + \pi b^2 + \pi x^2$$

であることが分かる．これは $x = 0$ のときに最小になるので，辺の中点に杭を打ちたくはない．x が最大のとき，すなわち $x = a$ のとき

に面積も最大になるので，納屋の角に杭を打つのがよい．そして，すべての角はどれも同じであり，面積は $4\pi a^2 + 6\pi ab + 4\pi b^2$ になる．$b \leq a$ とするとき，長辺の中点に杭を打つと最小値になる．

［問題の対称性を利用して中点からの距離として x を用いると，面積を表す式は x に関して対称的になり，簡単な形になる．角からの距離を x とすると，面積を表す式はもっと複雑になる．

「やぎとコンパス (The Goat and Compasses)」は英国で見かけたパブの名前であるが，あきらかに宗教的な言い回し「神は包み込む (God encompasseth)」をもじったものである．］

138. 軍事教練

4点に A, B, C, D と名前をつけ，A と C をそれぞれ通る直線が正方形の対辺になり，B と D をそれぞれ通る直線がもう一対の対辺になるようにしたい．このとき，線分 AC は，A と C をそれぞれ通る直線とある角度 a をなす．B と D をそれぞれ通る直線と同じ角度 a をなす線分は，AC と同じ長さで AC と垂直でなければならない．そこで，まず AC を通る直線を描く．それから，B を通り AC に垂直な直線を描く．BE = AC になるように，この直線に沿って B から距離 AC にある点 E を決める．このとき，E は D を通る正方形の辺上になければならない．したがって，DE は正方形の一つの辺上になければならない．DE に平行な直線と垂直な直線を作図すると，残りの 3 辺になる．E = D ならば，最初の直線は D を通るどのような直線でもよい．一般に，B のいずれの側にも E をとることができるので，E と E' の 2 点が得られ，これが 2 通りの解になる．しかし，E = D の場合には，E' を通る解は退化して辺の長さが 0 の正方形になる．一般には，A と B，A と C，A と D を正方形の対辺として選ぶことによって 6 通りの解を見つけることができる．

139. ユークリッドの幻影

答えは三角形の相似を使う。そして、図を描けばとても簡単である。

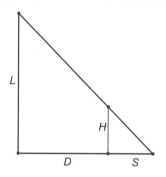

L を街灯の高さとし、H を人の身長とし、その人が街灯から距離 D にいるとしよう。このとき、その人の影の長さが S ならば、三角形の相似によって $S/H = (S+D)/L$ である。これを S について解くのは簡単で、$S = HD/(L-H)$ となる。S は D と正比例するので、影が伸びる割合は、その人の歩く速度に対して同じ比率を保つ。たとえば $L = 3H$ ならば、影の長さはその人の動く速さの1/2で伸びる。したがって、実際には影は人の動く速さよりもゆっくりと伸び、どんどん速く伸びるわけではない。

正しい距離は S ではなく、街灯から影の頭までの距離 $S + D$ を考えるべきだと思う人がいるかもしれない。その場合には $S + D = LD/(L-H)$ となって、人の動く速さよりも速く伸びる（なぜなら、$L > H$ だからである）が、それでも「どんどん速く」伸びるわけではない。

140. マッチ棒の正方形

この問題では、注意深く表現を選んでいながらも正方形の大きさを規定していないが、このことに気づく人はごくわずかである。正方形

の一辺をマッチ棒の半分の長さにすると，トランプで家を作るのに似た感じで次の図のようにマッチ棒を組み合わせることができる．

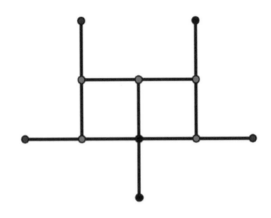

研究課題：正方形の一辺がマッチ棒の長さに等しいときにマッチ棒 n 本で作ることのできる正方形の数はすでに求められていると思うが，正方形の一辺がマッチ棒の半分の長さに等しいとしてこの問題を調べた人はこれまでにいそうにない．

141. 正方形の分割 (3)

まず，できあがる三角形がどんな形でなければならないかを知っておくと問題を解く助けになる．それらの高さは正方形の一辺に等しく，底辺は正方形の一辺の 2/3 に等しい．そうすると，三角形の面積は正方形の面積の 1/3 になる．このような三角形を作るためには，正方形の左下隅から切り始めて，上辺の 1/3 の点まで切り進めたら，下辺の 2/3 の点まで切り込みを入れ，それから，右上隅にまで切り進む．これで，4 個の部品ができ，そのうちの 2 個を合わせると，残りの 2 個の三角形と合同な三角形ができあがる．（ずるい切り方，ある

いは，何という切り方か．)

次に，どうすればハサミを1回入れるだけでこの切り方ができるかを見つけなければならない．対辺の1/3と2/3の点をそれぞれ通る垂線に沿って正方形を折ると3重に重なった長方形になり，その一方の対角線に沿って切るだけで望みの結果が得られる．

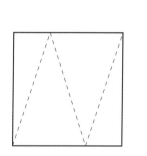

142. 正三角形の分割

この場合も，できあがる三角形の大きさを求めておくと問題を解く助けになる．もとの三角形の一辺が A ならば，できあがる三角形の一辺は $A/\sqrt{3}$ でなければならない．これは，新たに作られる辺が，もとの三角形の高さである $A\sqrt{3}/2$ と関係していなければならないことを示している．新しい辺はもとの三角形の高さのちょうど2/3であり，これはよく知られているように，正三角形の3本の垂線が交わる点（重心）から頂点までの距離である．これを手がかりにして，3本の垂線に沿って三角形にハサミを入れる．そうすると，三角形は6個の部分に分かれ，その二つずつを組み合わせると3個の正三角形になる．

143. 三平方を作れ

9本のマッチ棒を次のように並べる．

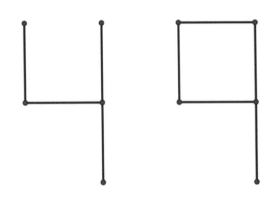

4は平方数（スクエア），9も平方数，そして，49も平方数である．これがこのパズルを考案したときに考えた答えである．しかし，何人もの友人がほかの答えを教えてくれたし，ほかの友人がそのあとで作った別の答えを私も見つけた．

解2：9本のマッチ棒を使って三角柱を作る．2個の三角形もできているという反論があるかもしれない．

解3：3個の正方形によって，立方体の1個の頂点に集まる3個の面を作る．

解4：7本のマッチ棒で一辺を共有する2個の正方形を作る．次に，その2個の正方形が共有する辺に平行になるようにマッチ棒を置いて，それぞれの正方形を2等分する．これで，次の図のように隣接する一辺がもう一方の辺の半分の長さの長方形が4個並ぶ．中央の2個の長方形で新たな正方形が作られている．これには，正方形が重なり合っているという反論があるかもしれない．

第9章

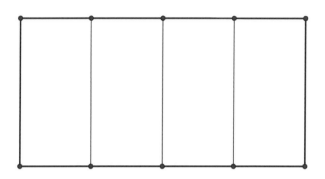

解5: マッチ棒を使って0, 1, 4という三つの平方数を作る.

一辺がマッチ棒の半分の長さの正方形を作るようにマッチ棒を使うことができるが，3個の正方形を作るにはマッチ棒は8本しか必要にならない.

マッチ棒の端や断面が正方形であるという事実を使う解もあるが，これらの性質は切り取った紙マッチや爪楊枝のような代用品では成り立たないので，そのような解は受け入れがたい.

おそらく規則を少し変更すれば，もっと多くの解があるだろう．たとえば4個の平方数を含んだ144を作ることもできる.

第 10 章

144. 光陰矢の如し

実際，ニューヨークには出発したときよりも前の時間に帰り着くことができる．しかし，帰り着くのは翌日である．なぜなら，日付変更線を越えているからである．

145. サムの不動産

サイモンは買うべきではない．辞書やそのほかの文献を調べると，1 ロッド（＝ 1 ポール ＝ 1 パーチ）は 5.5 ヤード，1 チェーンは 22 ヤード ＝ 4 ロッド，1 ハロンは 220 ヤード ＝ 40 ロッドであることが分かる．したがって，この区画の測量結果は AC + BC = 70 ロッド，AB + BC = 110 ロッド，AB + AC = 100 ロッドになる．この三つの式の両辺を足し合わせると，この土地の外周の 2 倍が 280 ロッドになるので，外周 AB + BC + AC は 140 ロッドに等しい．これからそれぞれの測量結果を引くと，AB = 70, AC = 30, BC = 40 が得られる．すると AB = AC + BC であり，C が A と B を結ぶ直線上にあるとき，そしてそのときに限り，このようなことが起こりうる．したがって，この区画にはまったく土地がない．スリック・サムに雇われているのでなければ，この土地は買うなとサイモンに助言すべきである．

146. 地球平面説

Aと名前をつけた運河の一端からの水平な視線は，Aにおいて地球に接する直線になる．運河そのものは地球とともに湾曲していて，長さ $d=6$ マイルの円弧になる運河のもう一方の端をBとし，地球の中心をCとする．直線CBは点B′においてAにおける接線と交わるだろう．B′Bの距離がAから見たときのBの「沈下」である．その図は次のようになる．

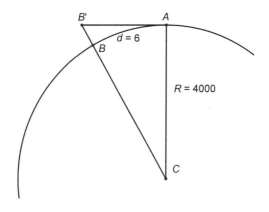

このとき，AB′Cは，$AC=4000$ マイルの直角三角形である．AB′の距離はABに十分近いので，$AB'=d$ としてよい．すると，$B'C^2 = 4000^2+d^2$ および $B'B = B'C-BC = \sqrt{4000^2+d^2}-4000$ マイルとなる．d は小さいので，$(4000+d^2/8000)^2 = 4000^2+d^2+d^4/4(4000)^2$ はおおよそ 4000^2+d^2 に等しい．すなわち $\sqrt{4000^2+d^2}$ は $4000+d^2/8000$ で近似されるので，B′Bはほぼ $d^2/8000$ マイルになる．これは，$7.92d^2$ インチである．したがって，フォートは概ね正しい．$d=6$ マイルに対して 285.12 インチの沈下になる．

ここまでの計算において，2か所で近似を用いた．そのいずれも，

小さい値の d に対しては妥当な近似である．簡単な三角関数を用いると，B′B の距離を正確に求めることができる．小数点以下 10 桁の電卓では 285.12 インチになるので，これらの近似による影響は見受けられない．

[さらに正確に分析すると次のようになる．ACB の角度は $d/4000$ （ラジアン）であり，これを a で表す．このとき，B′B $= 4000\sec a - 4000 = 4000(\sec a - 1)$ マイルである．$\sec a$ のマクローリン級数展開を用いると，$4000(\sec a - 1) = 7.92\,d^2 + .00000020625\,d^4 + \cdots$ インチになる．$d = 6$ の場合，この第 2 項は 0.00004455 インチであり，285.12 インチに比べて十分に小さく無視することができる．]

147. 丸 1 日続く日の出

北極点か南極点の近くから出発したとしたら，おじさんは真実を述べていることもある．極点からの距離が s ならば，R を地球の半径とするとき，その緯度線は半径 $r = R\sin s/R$ の円であり，その全長は $2\pi R\sin s/R$ になる．ストレイおじさんは 24 時間で 9600 マイルを飛んだ．$R = 4000$ マイルを用いると s は約 1568 マイルになり，これは，北緯または南緯約 $67\frac{1}{2}$ 度に位置する．北緯では，これはほぼ北極圏の北側の緯度である．極点から 1568 マイル離れたところから出発すると，ちょうど 24 時間で地球をひと周りし，太陽は出発したときと同じ空の位置にとどまるように見えるだろう．

東に向かう場合は，おじさんが地球を 1 周して，地球も 1 回自転するので，太陽は 2 回りするように見えるだろう．春分や秋分のときには 6 時間後に日没になり，その 6 時間後に日の出を迎え，さらに 6 時間後に日没になり，最終的に出発から 24 時間後に日の出を迎えるのを見ることになる．このようにして，おじさんは 24 時間の間に丸 2 日を過ごすことになっただろう．（春分や秋分から日が経つにつれて昼間や夜間の長さは変化するが，それでも夏至や冬至に非常に近い日

を除いて，おじさんは2昼夜を過ごすことになるだろう．）

［もっと正確に言えば，地球の公転運動による効果が加わって日ごとに日の出の時間は変化するが，夏至や冬至に近くなければ気づくほどの変化はないだろう．］

148. 突拍子もない話

おじさんが2倍の速さで飛べば，24時間で西向きに地球を2周し，その間に地球は東向きに1周する．これで，あたかも太陽は地球を1周するように見えるが，太陽は東から西に向かう．したがって，日の出とともに出発すると，太陽はおじさんの背後で東に沈む．約12時間後，おじさんが出発地点に到達するあたりで正面の西から太陽が昇るのを見る．そして飛びつづけると，さらに12時間後（これで合計は24時間になる），背後の東に太陽が沈むときにおじさんは飛行場に戻ってくる．おじさんは着陸し太陽が東から昇るのを見る．

時速400マイルで同じ結果を得るには，緯度線の長さが4800マイルでなければならず，これは極点から約769マイルのところにある．そこの緯度は約89度である．

［この場合も地球の公転運動による効果が加わるが，夏至や冬至の近くでなければ，日の出や日の入りの時間が変わるだけで，質的変化ではない．］

149. 一望できる場所

簡単のために，北極点Pの真上で高度hの点Aから地球を見ていると想像しよう．Cを地球の中心とし，Rをその半径とする．Aから地球に引いた接線が点Bで地球に接するとき，角ABCは直角であり，BC = Rである．次の図を見てほしい．

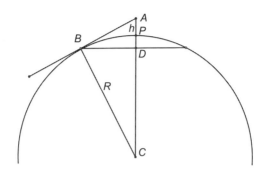

　点Aから見える地球の表面は，北極点とBにおける緯度線を通る平面の間にある部分である．この平面が直線APCと交わる点をDとする．このとき，点Aから見える地球の表面の面積は，地球の表面積のPD/2PC = PD/2R倍になる．

　距離 DC $= R - $ PD は次のようにして簡単に求められる．三角形ABCは三角形BDCと相似なので，DC/BC = BC/AC, すなわちDC $= R^2/(R+h)$ である．したがって，PD $= R -$ DC $= Rh/(R+h)$ であり，Aから見える部分の割合は PD/2R $= h/2(R+h)$ である．これが1/3に等しいとすると $h = 2R$ になる．すなわち地表の3分の1を見るためには，地球から地球の直径だけ離れなければならない．

　[vをAから見えている部分の割合とすると，$v = h/2(R+h)$から $h = 2Rv/(1-2v)$ が得られる．$v = 1/n$ とすると $h = 2R/(n-2)$ になるので，小さい n に対して単純な h の値が得られる．三角形CABから，$\sin b = R/(R+h) = 1 - 2v$ によってBの緯度 b が分かる．$v = 1/4$ の対してのみ，これは単純な値である $b = 30°$ になる．$v = 1/3$ の本問の場合には $b = \arcsin 1/3 = 19.47°$ になる．]

150. 丸1日を失う方法

この場合も，お馴染みの日付変更線がこの奇妙な状況を作り出す．日付変更線を東から西に越えると1日進む．たまたま普通に日が変わる真夜中にこれを行うと一挙に2日進み，ある日を完全に飛び越えることになる．

［日付変更線を越えることを何度か繰り返すと，たった24時間のうちに4日，6日，5日，7日という順で時を過ごすことができる．この問題から極点を除外したのは極点では日付の考え方がはっきりしないからである．］

第11章

151. ハカりしれない誤解？

　この説明は，私たち自身についてのものではなく，私たちの星回り，あるいは，むしろ私たちの暦についてのものである．中世初期から1582年の始めにグレゴリー歴が採用されるまで，新しい年は3月25日から始まっていた．したがって，3月24日以前は前年の一部と考えられていた．宗教の違いによって，イングランドでは若きトーマス・ランバートが亡くなったあとの1751年までグレゴリー歴が採用されなかった．

　1582年から1751年までの間，英国とヨーロッパ大陸では日付が異なっていたため，これらの年の1月1日から3月24日までに起きた英国の史実の日付には注意が必要である．実際，$169\frac{1}{2}$年2月1日と書かれたこの期間の英国の日付を見かけることがある．これは，ある人たちは1691年だと考えるが，ほかの人たちは1692年だと考えるという意味である．さらに問題をややこしくしたのは，1600年にスコットランドはグレゴリー歴を採用していないにもかかわらず，1月1日を1年の始まりとするように変更したことである．

　それ以降，マッチ箱に書かれているのを含めて，さまざまなところでこの問題が使われているのを見かけた．

152. 何年になんねん？

次のように考えてみよう．今は2016年である．1年前は2015年，2年前は2014年，と続いて，n年前は$2016-n$年であるから，2,100年前は-84，すなわち紀元前84年になる．こう答えた人は手を上げなさい．残念ながら，これは正しくない．西暦0年はないので，正解は紀元前85年である．6世紀にディオニュシウス・エクシグウスが暦を制定したとき，ヨーロッパではまだ0は知られておらず，西暦0年を入れ損ねたのである．このため，西暦1年の前年は紀元前1年になる．

ちなみに，ヨーロッパの建物の階数を表す体系は地上階から始まるので，ヨーロッパの1階は米国では2階と呼ばれる．すなわち，ヨーロッパの体系では地上階が0階なのである．地下は$-1, -2, \ldots$のように番号がつけられることがあるので，2階から-2階までは，米国では3階分離れているが，ヨーロッパでは4階分離れていて，後者のほうが数学的に合理的である．

西暦0年がないことは天文史家にはよく知られているが，すべての歴史家がそのことに気づいているわけではない．古代ローマの詩人ウェルギリウスの生誕2000周年は，20世紀の初期に1年早く祝われた．西暦0年がないことは，それぞれの世紀がab00年の元日からではなく，ab01年の元日から始まらなければならない理由でもある．

私は，まだ20世紀のうちにこの問題を書き，それは2000年前の日付を求めよというものだった．数値としてはこのほうが多少簡単であった．

153. 短い世紀

西暦2000年（これは20世紀最後の年である）は閏年だが，西暦2100年は閏年ではないので，20世紀のほうが1年だけ長い．［21世

紀は，地球の動きがわずかに遅くなるという事実を補正する「閏秒」がいくつかあることによって長くなるだろうから，20世紀との差は1日より少しだけ小さい．］

154. 珍しい日付

まず，2月に5回の土曜日があるのは，閏年で2月1日が土曜日であるとき，そしてそのときに限ることは誰もが分かっていると思いたい．このとき，残りの土曜日は8日，15日，22日，29日である．1年は52週より1日長いので，平年では同じ日の曜日は1日分前に進み，閏年では2日分前に進む．したがって，1996年までの4年で5日分前に進むが，これは2日分後ろに進むのと同じであるから，1996年2月1日は木曜日である．2は7と互いに素なので，7日の倍数になるのは，7回の閏年のあと，すなわち28年後であり，つぎに2月に5回の土曜日があるのは2020年になる．［2000年は閏年であったが，1882年にこの問題を出したとしたら，1900年は閏年ではないために計算が複雑になっただろう．］

155. 不運な年

これには洗練された数学はそれほど必要ないが，不運な年は数多くあるので，ある程度の観察をして注意深く作業する必要がある．まず，数を構成する数字の和は「九去法」と関係していることを多分思い出すだろうし，これに関する考察から二つの不運な数は9の倍数の差がなければならないことが分かる．ここで，1001年から始まる1世紀の中の不運な年を調べると，1039, 1048, 1057, 1066, 1075, 1084, 1093が得られる．（英国の多くの人は1066年を幸運な年と考えるが，

もちろん，それはイングランド王ハロルド2世[訳注20]にとっては不運なのである．）これには明確な規則性がある．それぞれの不運な年は，その直前の不運な年のちょうど9年後である．なぜなら，9を加えることは一の位を1だけ減らし十の位を1だけ増やすので，数字の和は変わらないからである．しかしながら，最後の不運な年にさらに9を加えると1102になり，百の位への繰り上がりによって数字の和は9だけ減ってしまう．これに9を加え続けると1111, 1120, 1129となり，36年後に数字の和は13に戻る．これで，何世紀にもわたる振る舞いを簡単に表にして，それぞれの千年紀に対して集計することができる．1番目，2番目，...，10番目の千年紀における不運な年の数はそれぞれ75, 73, 69, 63, 55, 45, 36, 28, 21, 15になる．したがって，最初の千年紀はもっとも不運であり，それ以降，事態は好転している．

不運な年の隔たりのパターンは一筋縄ではいかない．不運な年の間隔は，とりうる最小の間隔である9になりやすいことが分かっている．ただし，この隔たりという用語には問題がある．多くの人が，隔たりは二つの不運な年にはさまれた幸運な年の年数である8年だと言う．しかしながら，不運な年の間隔のほうが扱いやすいことが分かるので，「隔たり」を間隔という意味で用いる．すると，世紀末にはほかより大きな隔たりがある．この千年紀には，世紀末の隔たりは1093年から1129年までの36年に始まって，1192年から1219年までの27年，そのあとは18, 18, 27, 36, 45, 54, 63と続き，この最後は1840年から1903年までの隔たりである．しかしながら，ここで千年紀末の隔たりはさらに大きくなることを発見する．1番目，2番目，...，

[訳注20] アングロ・サクソン系最後のイングランド王で，1066年10月14日にヘイスティングズの戦いでギヨーム2世（のちのイングランド王ウィリアム1世）のノルマン軍に破れ命を落とした．

9番目の千年紀末の隔たりは次のとおりである.

940 年から 1039 年まで ＝ 99 年
1930 年から 2029 年まで ＝ 99 年
2920 年から 3019 年まで ＝ 99 年
3910 年から 4009 年まで ＝ 99 年
4900 年から 5008 年まで ＝ 108 年
5800 年から 6007 年まで ＝ 207 年
6700 年から 7006 年まで ＝ 306 年
7600 年から 8005 年まで ＝ 405 年
8500 年から 9004 年まで ＝ 504 年

最初の千年紀の始めは少し手こずらされる.隔たりは -49 年から $+49$ 年までと予想するかもしれないが,これには話をややこしくする要因が二つある. -49 のような負の数の数字の和がどうであるべきかはあまり明確ではない. -49 の数字の和は 13 なのか,それとも -13 なのか.九去法を正しく使うためには -13 でなければならない. -49 と $+49$ の差 98 が 9 で割り切れないことでもそれが分かる.話をややこしくする二つ目の要因は,0 年がないことである.したがって, -49 年と $+49$ 年の間は実際には 97 年しかない.このような問題があるため,紀元前についてはすべて無視して西暦 1 年から始めるのがもっともよいように思う.そうすると,最初の不運な年より前には 48 年の幸運な年がある.

10 番目の千年紀末にも少し問題があるが,それほど複雑になることはない.単にその隔たりを 9400 年から 10039 年までの 639 年とするか,9400 年から 10000 年までの 600 年とするかを決めなければならないのだ.いずれの場合であっても,それまでの千年紀の中で最大の隔たりである.

156. 長い月 (1)

こじつけた一つ目の答えは9月である．9月 (SEPTEMBER) は9文字からなり，月の名前の中でもっとも長い．（月の名前は，少なくとも多くの西洋の言語では，きわめて標準的に用いられている．9月がもっとも長い名前ではないような言語として何があるのか興味がある．ポーランド語ではほかの月のほうが長い．）

こじつけでない二つ目の答えは10月である．10月は夏時間から通常時間に切り換わるため，1時間だけ長い．これは，あなたがどこにいるかによって変わる．すべての国が夏時間を採用しているわけではなく，採用している国もすべて同じ日（あるいは同じ月）に切り換えるわけではない．

157. 月の長さ

7通りだということを信じてもらえるだろうか．こじつけた答えは，月の名前は 3, 4, 5, 6, 7, 8, 9 文字のいずれかになるというものだ．（この場合，平均長は 6 と 1/3 文字である．）

それでは，8通りだということを信じてもらえるだろうか．実時間解を求めるためには，いくつかの知識が必要になる．まず，月の日数はあきらかに 28, 29, 30, 31 日のいずれかである．英国では夏時間が3月に始まって10月に終わるので，3月は31日に1時間足りず，10月は31日よりも1時間だけ多い．（夏時間をまったく採用していない国を除けば，国によって夏時間との切り換えが行われる月は異なるかもしれないが，それによって生じうる月の長さの個数が変わることはない．）さらに，1972年1月1日以来，国際的な時間管理は，地球の自転よりも正確な原子時計による時刻系に基づいている．地球の自転は不規則で，原子時計による時刻系よりもわずかに遅い．その遅れは400日につき約1秒ほどで，必要に応じて12月または6月の終わりに閏

秒が挿入される．したがって，6月と12月はそれぞれ30日，31日よりも1秒だけ長いことがある．これによって，生じうる月の長さは8通りになる．これまでには閏秒が2回挿入された年はないし，近い将来にはそのようなことは起こらなさそうなので，（少なくともある時点までの）それぞれの年には，たかだか7通りの月の長さが生じうる．

［いくつかの詳細について教えてくれた英国国立物理学研究所時刻・計量学センターのジョン・チェンバースに感謝する．］

158. 双子の時間

双子の一方は世界一周の旅に出て，それによって，もう一方に比べて1日早く，あるいは，1日遅れになった．

［驚くべきことに，14世紀には日付変更線の必要性が認識されていた．日付変更線に基づく問題は，1日遅れになったことを発見して愕然としたマゼラン一行より前の1500年前後にまで遡る．］

159. 長い月 (2)

答えは，西に向かって移動することによって10月31日を長くするというものである．飛行機をもっていて，極点からそう遠くないところにいれば，24時間で地球を一周することができる．すなわち，太陽と同じくらい速く飛ぶことができる．10月31日になったばかりの真夜中に日付変更線を出発して太陽と同じ速さで西に飛び，24時間後に日付変更線に帰り着くと，まだ10月31日になったばかりの真夜中である．そして，その地点で24時間を過ごすと10月31日は48時間続いたことになり，家にいれば31日と1時間しかない10月が32日と1時間続いたことになる．

第12章

160. 時計を見よ

　残念ながら，そのようなことはない．決して3本の針が等しい角度をなすことはない．3本の針が等しい角度をなすならば，2本の針どうしの角度は$120°$になる．まず，時針と分針の場合を調べてみよう．そして，針の角度を時刻の分を使って測る．したがって，1周すると60分であり，その3分の1，すなわち$120°$は20分にあたる．12:00からM分が経過した時刻には，時針の位置は$M/12$で，分針の位置は$M - 60h$である．ただし，hは経過した時間が何時間を超えたかを表す．すると，$M - 60h = M/12 \pm 20$になってほしいので，$11M/12 = 60h \pm 20$，すなわち$M = 720h/11 \pm 240/11$である．[これらの等式はすべて60を法とした合同式である．なぜなら，演算の結果は0から60までの範囲をはみ出すかもしれないが，hを一つ上または一つ下の値にすることによって，これを許してよいからである．]ここで，$S = 60M$を12:00:00から経過した時間を秒単位で表したものとすると，時針と分針が20分離れるのは$S = 43200h/11 \pm 14400/11$のときであることが分かる．

　同じように$M = S/60$として考えて，mを経過した時間が何分を超えたかを表すものとすると，秒針の位置は$S - 60m$であり，これが$S/60 \pm 20$であってほしいので$S = 3600m/59 \pm 1200/59$となる．11と59には共通する約数がないので，このSに関する二つの式が等

しくなるのは，それぞれが実際に整数になるとき，そしてそのときに限る．11 の倍数を除くと，S に関する一つ目の式が整数になるのは，$3h \pm 1$ が 11 の倍数になるとき，そしてそのときに限る．これは h が 4 か 7 のときに成り立つ．これらの場合，M も整数となり，240 か 480 に等しいので，時刻は 4:00:00 か 8:00:00 である．しかし，このどちらの場合も秒針と分針は重なっていて，120° をなしてはいない．

［この問題を考案したあとで，ピエール・ベルロカンが *The Garden of the Sphinx* の中で 3 本の針がすべて重なるときがあるかどうか問うているのを見つけた．実際には，これは本問の別の可能性を与える．なぜなら，3 本の針が重なるならば，すべての針がほかの針とのなす角は 0° だからである．この状況で解を見つけることは読者に委ねる．］

161. 三つの時計

簡単に言えば，「理解不能」である．問題に述べられているように，遅い時計と普通の時計は 72 日後に再び同時に 12 時を知らせるので，その時点で 3 個の時計はすべて一致する．

この解答を理解する唯一の方法は，問題には誤訳だけでなく誤植もあったと仮定することである．遅い時計が毎日 12 分遅れるならば，この解答は筋が通っている．

162. 小町日時

MM:DD:HH:MM:SS $= AB : CD : EF : GH : IJ$ のように，それぞれの位置にある数字に別個の名前をつける．$00 \leq AB \leq 12$, $00 \leq CD \leq 31$（最大値は月によって異なる），$00 \leq EF \leq 23$, $00 \leq GH \leq 59$, $00 \leq IJ \leq 59$ であることが分かっている．

A は 0 か 1 にしかなりえない．$A = 1$ と仮定すると，B と F は 0 と 2 のいずれかになるので，その 2 個の数字は使われてしまう．すると，

C は3でなければならないが，そのときには D に残された数字がなくなってしまう．したがって，芦ヶ原はそうは言っていないが，$A = 0$ という前提はすべての起こりうる場合を含んでいる．

それでは，$A = 0$ と仮定しよう．このとき，C は $1, 2, 3$ のいずれかでなければならず，E は1か2でなければならない．$C = 3$ ならば $D = 1$ となり，したがって $E = 2$ である．しかし，この場合には F としてとることのできる数字がない．したがって，C と E には1と2が使われなければならない．

ここで次のように2通りの場合を考えよう．$C = 1$ ならば $E = 2$ であり，$F = 3$ となるので，全体では $0B : 1D : 23 : GH : IJ$ という形になる．このとき，G と I には4と5が使われなければならず，B, D, H, J は $6, 7, 8, 9$ の任意の並べ換えでよい．これで，$2 \times 24 = 48$ 通りの解が得られる．

$C = 2$ ならば $E = 1$ である．このとき，G と I は $\{3, 4, 5\}$ の中の2個でなければならず，B, D, F, H, J は残りの5個の数字の任意の並べ換えでよい．G と I の選び方は6通りあり，5個のものの並べ換えは120通りあるので，ここから720通りの解が得られ，したがって，合計で768通りになる．

ここまでくれば，もっとも早く現れる日時が $03:26:17:48:59$ であり，最後に現れる日時が $09:28:17:56:43$ であることは簡単に分かる．

163. とても変な時計

そのときの車についていたのはデジタル時計で，7本の棒状のLED (3本の横棒と4本の縦棒) で数字を表示するものであった．そのLEDのうちの一つ，具体的には，2桁目の右上の縦棒が焼き切れていたのである．この時計は9を表すのに一番下の横棒を使うような種類のものであった．[これは実際に起こったことである．]

164. 上下逆さの時刻

7セグメント表示では，$0, 1, 2, 5, 8$ は $180°$ 回転させても同じに読め，6と9は入れ換わる．しかしながら，1桁目は $0, 1, 2$ のいずれかで，3桁目は $0, 1, 2, 5$ のいずれかでなければならない．このことから12通りの場合が得られるが，そのうちの一つは時刻としてありえないので，次の11通りの可能性がある．00:00, 01:10, 02:20, 05:50, 10:01, 11:11, 12:21, 15:51, 20:02, 21:12, 22:22．（時刻としてありえないのは 25:52 である．）

165. 裏返しの時刻

7セグメント表示では，$0, 1, 8$ は鏡に映しても同じに読め，2と5は入れ換わる．しかしながら，1桁目は $0, 1, 2$ のいずれかで，3桁目は $0, 1, 2, 5$ のいずれかでなければならない．前問と同じようにこれらから12通りの場合が得られるが，そのうちの一つは時刻としてはありえないので，次の11通りの可能性がある．00:00, 01:10, 02:50, 05:20, 10:01, 11:11, 12:51, 15:21, 20:05, 21:15, 22:55．（時刻としてありえないのは 25:25 である．）

もちろん，次の4通りの場合は $180°$ 回転させても同じになる．00:00, 01:10, 10:01, 11:11.

第13章

166. ペチャンコのハエ

何人が50マイルと答えただろうか．そう答えた人は手をあげて．よろしい．それほど多くの人がこの問題を知っているとは喜ばしい．結局，列車は100マイル離れたところから合計時速100マイルで近づくので，1時間後に衝突する．その間にハエは50マイルを飛んでいる．（ハエある正解，おめでとう．）

残念ながら，君たちは全員間違っている．1台目の列車は時速60マイルで進み，哀れなハエは時速50マイルでしか飛べないので，ハエはその機関車の前面に貼り付いたままであり，結局，迫りくる惨事を凝視して「線路を走るとろくなことがないね」と呟くこと以外何もできない．

教訓：問題を読み終わるまで解いてはならない．

［ハエは1台目の機関車から合計時速110マイルで飛び立てるという反論もあるだろうが，空気抵抗によってハエは無視できるほどの距離しか離れられないだろう．］

167. グルッと一回り

V を自転車に乗った人の速度，v を走っている人の速度，$r = V/v$ をそれらの比とする．競技トラック一周の長さを L と仮定しよう．t を自転車に乗った人が走っている人に追いつく時刻，T を二人が

出発地点に戻ったときの時刻とする．時刻 t において，自転車に乗った人は走っている人よりも L だけ長い距離を進んでいるので，$Vt = vt + L$ である．このとき，自転車に乗った人は出発点から vt の距離にいる．したがって，時刻 T には $L = vT$ および $L + 2vt = VT$ が成り立つ．5 個の未知数に対して 3 個の式しかないにもかかわらず，このうちのいくつかを求めることができる．$L = vT$ をほかの式に代入すると，$Vt = vt + vT$ と $vT + 2vt = VT$ が得られる．これらを $(V - v)t = vT$ と $2vt = (V - v)T$ に書き直す．すると，$T/t = (V - v)/v = 2v/(V - v)$ なので，$(V - v)^2 = 2v^2$ となる．ここで，両者の速度の比 $r = V/v$ を考える．これを後者の式に使って共通因子である v^2 を取り除くと，$(r - 1)^2 = 2$ が残る．したがって $r = 1 + \sqrt{2} = 2.414\cdots$ である．

また，$T/t = (V - v)/v = V/v - 1 = r - 1 = \sqrt{2}$ でもあることに注意せよ．さらに，最初に自転車に乗った人が走っている人に追いついた地点は vt，すなわちトラックの全長の

$$vt/L = vt/vT = t/T = 1/\sqrt{2} = .707\cdots$$

である．この問題ではトラックの形状は重要ではない．

168. 太平洋航路

きっと 2260 時間と答えただろうが，それは正解ではない．1 ノットは毎時 1 カイリの速度であり，毎時 1 ノットは加速度である．したがって，この船は最初の 1 時間に 0 ノットから 1 ノットに加速する．そして，2 時間後には 2 ノット，3 時間後には 3 ノットというように加速する．学校で習う物理学を使うと，時間 t の間に進む距離 s は $\frac{1}{2}t^2$ であることが分かる．したがって，この船は $\sqrt{4520} = 67.23$ 時間でホノルルに着く．船がホノルルに着いたときには 67.23 ノットで進んでいることになるので，サーファーは気をつけたほうがいいだろう．

[*Littlewood's Miscellany* での J. E. リトルウッドのコメントから思いついた.]

169. 月の重力

(A) 地面（すなわち $s_0 = 0$）から初速 v_0 で真上に投げ上げたボールの速度は $v = -gt + v_0$ である. ボールが最高点に達したときには $v = 0$ であり, $t = v_0/g$ が得られる. これを $s = -gt^2/2 + v_0 t$ に代入すると $s = v_0^2/(2g)$ が得られるため, g の値が $1/6$ になると s の値は 6 倍になるので, この主張は正しい.

(B) ボールが地面に戻ってくる (すなわち, $s = 0$) と, $-gt^2/2 + v_0 t = 0$ となり, これから $t = 2v_0/g$ が得られる. これはボールが最高点に達するまでに要する時間のちょうど 2 倍であることに注意しよう. この場合も, g の値が $1/6$ になると t の値は 6 倍になるので, この主張は正しい.

(C) 井戸の深さを d とすると, 石は $d = gt^2/2$ のときに底に達するので, $t = \sqrt{2d/g}$ が得られる. g の値が $1/6$ になると t の値は $\sqrt{6} \approx 2.45$ 倍になるので, この主張は正しくない.

(D) 水平に発射された弾丸は, 地面に落ちるまで水平方向に一定の速度で移動する. したがって, 弾丸が届く距離は, 水平方向の速度に弾丸が銃口の高さから地面に落ちるのに必要な時間をかけたものになる. (C) の答えから, その時間は 6 倍ではなく $\sqrt{6}$ 倍にしかならないので, この主張は正しくない.

(E) しかしながら, 弾丸が仰角 $45°$ で発射されれば, 月面上では (B) によって弾丸が空中にある時間は 6 倍になるので, 6 倍の距離まで届く.

170. どちらが重い？

羽毛と金が真空中で量られたのならば金よりも羽毛のほうが重いと

いう意味で，羽毛1キログラムは金1キログラムよりまだ重い．空気中で重さを量ると，空気の浮力によって物体は持ち上げられ，真空中で量ったときに得られる真の重さよりも軽くなってしまう．羽毛は金よりもかなり密度が小さいので，空気によっていっそう浮き上がり，したがって，真の重さは金よりも大きくなる．

［厳密には，キログラムは質量の測定単位であって，重量の測定単位ではない．この計量単位系は1キログラムの重量についてさえ述べていないが，ここでは真空中で量った1キログラムの質量によってもたらされる重量を意味するように使っている．その重量は，地球上ではこの単位系で約9.8ニュートンになる．1キログラムの質量は，1キログラムからその物体が押しのけた媒体の重量を引いた重量を与える．今の場合，この媒体は空気である．したがって空気中では，羽毛のような密度の小さい素材の質量1キログラムは，金のような密度の大きい素材の質量1キログラムよりも軽くなる．実際，金は一般的に分銅に使われる真鍮の2倍の密度があるので，質量1キログラムの金は空気中では1キログラムの分銅よりも重くなる．したがって，空気中では，重量1キログラムの羽毛の質量は1キログラムよりも大きく，重量1キログラムの金の質量は1キログラムよりも小さい．］

［ハーバート・マッケイ，*Fun with Mechanics*, 1944 から派生した問題である．］

［この問題の古い形は，ハンス・サックスが書いたとされる *Useful Table-talk, or Something for all; that is the Happy Thoughts, good and bad, expelling Melancholy and cheering Spirits, of Hilarius Wish-wash, Master-tiler at Kielenhausen* にある．この本は，セイバイン・ベアリング＝グールドの *Strange Survivals Some Chapters in the History of Man*; (1892), 3rd ed., Methuen, 1905, pp. 220–223 の中で次のように引用され論じられたが，1517年の発刊で，出版社，出版場所や表紙もなく，実物を見たこともない．「この選集には，

次のようななぞなぞもある.『1ポンドの鉛と1ポンドの羽毛,どちらが重いだろうか.』これは誰でも知っているが,変更も加えられている.『それぞれは1ポンドの重さがあり,重量は等しい』という答えに続けて,出題者は次のようにも述べている.『〜のではない.水の中に入れてみると,1ポンドの羽毛は浮くが,1ポンドの鉛は沈む.』」もちろん,これは重量と比重を混同している.]

171. 鉄道車両の不思議

この答えを知るためには,鉄道の車輪を詳しく見なければならない.車輪は列車の内側に向かって半径が大きくなるように外縁が斜めになっていて,レールは角がわずかに丸められている.その結果,列車がカーブを曲がるときには,(一般には遠心力と呼ばれている)慣性によって列車はレール上をカーブの外側に少しずれる.外側の車輪はレールに乗る部分が増えて大きな半径でレールに接するが,内側の車輪はレールに乗る部分が減って小さな半径でレールに接する.

次の図は,車輪と車軸を誇張して描いている.

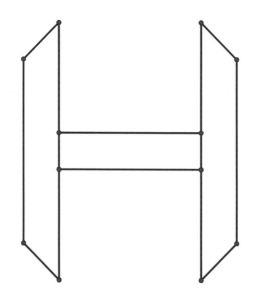

172. 円柱つるまき線

両端の位置を入れ換えても，巻の向きは変わらない．これを思考だけで分かることもできるだろうが，次のようにするともっと手軽に論証できる．ナットをボルトにつけることを考える．両端の位置を入れ換えて螺旋の向きが変わるならば，ナットをボルトにつけようとする2回に1回は，うまく合わなくてナットを逆向きにつけ直さなければならなくなるだろう．しかし，そんなことにはならないことが分かっている．ナットのどちら側をボルトに向けるかは問題にならない．［記憶によれば，この問題は1960年代にバークレーの学生だったころに今はなきリック・スタウドゥーハーからこの問題を聞いた．］

173. 試験コース

平坦な区間，上り坂，下り坂それぞれの部分にかかる時間を個別に求めることもできるが，もっと簡単な解法がある．上り坂は1マイルあたり1/30時間を要し，下り坂は1マイルあたり1/60時間を要する．したがって，2マイル進むためには $3/60 = 1/20$ 時間かかり，平均速度は時速

$$2/(1/20) = 40$$

マイルになり，これは平坦な区間での速度に等しい．このサーキットの上り坂と下り坂の長さは等しいので，コース全体の平均速度は時速40マイルであり，一周するには1時間半かかる．どのような順に平坦な区間，上り坂，下り坂が配置されているかはまったく関係ないことに注意せよ．

174. 最小の鏡

2フィート9インチちょうど，すなわちジェシカのちょうど半分の高さの鏡が最短である．鏡は，彼女の目とつま先のちょうど中間のところから，目と頭のてっぺんのちょうど中間のところに置かなければならない．このとき，鏡からの距離に関係なく，ジェシカは全身を見ることができる．

これは，ジェシカの鏡に映った像の身長も5フィート6インチであり，ジェシカが鏡の前に立っているのと同じように，その像も鏡の背後に同じだけ離れて立っていると想像してみれば分かる．ジェシカの目から鏡に映った像のつま先と頭への視線は，鏡面によって2等分されるので，鏡ではつま先と頭の間の長さの半分になっている．

［目が二つあるという事実によって，鏡の幅を求めるのはもう少し複雑になる．しかし，実際には一方が利き目であると仮定すると，鏡の幅は体の幅の半分でよく，鏡は利き目からそれぞれの体側までの

系統的に数え上げると，4頭の馬のレースでは75通りの結果がある．4頭すべてが同着になるのが1通り，3頭が同着または同着が2組あるのが14通り，2頭だけが同着になるのが36通り，同着なしが24通りある．

187. サイコロの目

標準的なサイコロには16通りもの目のつけ方がある．サイコロの1から6までの目の配置は次の図のようになっている．

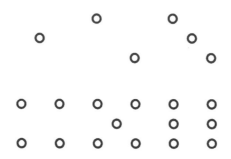

これらのうち，1, 4, 5の目はどちら向きでも同じであるが，2, 3, 6の目はそれぞれその面に対して2通りの向きがある．このことから，これら三つの数の目の向きによって$2 \times 2 \times 2 = 8$通りになる．2, 3, 6の面は，サイコロの一つの頂点に集まるので，都合よくそれらを一度に見ることができる．

また，問題の中で指摘されているように，標準的なサイコロに数を割り当てるのには2通りのやり方がある．サイコロを転がすと，必ず1の目が上になり，6の目が下になるようにできる．このとき，鉛直な軸の周りにサイコロを回転させて，2の目が前面になり，5の目が背面になるようにできる．しかし，このとき3の目と4の目は，右側と左側，または左側と右側になりうる．この2種類のパターンは互いに鏡像であり，3次元空間内の移動によって一方をもう一方に移すこと

ちょうど中間のところに置かなければならない.]

175. 3枚の鏡

あなた自身の像が七つ見える.それぞれの鏡1枚に対して,その鏡をまっすぐに見ると,三つの像が見える.2枚の鏡が合わさる3辺を見ると,2回反射した像が三つ見える.二重の反射によって,この像は実際には逆転している.たとえば,自分の前方にある鉛直の辺を見ながら頭を右に動かすと,像は反対の方向,すなわち,あなたから見て左に頭を動かす.3枚の鏡が集まる角を見ると,3回反射した像が見える.この反射によって,左右と上下が逆転しているように見える.すなわち,あなたが頭を右上に動かすと,その像は(あなたから見て)左下に頭を動かす.その像の目は3枚の鏡が集まる角にある.

176. 追い越しとすれ違い

ジェシカとステラの速さを,それぞれ時速 J マイルと時速 S マイルとする.二人が同じ向きに走ると,時刻 t にジェシカは $(J-S)t$ だけステラに先行する.これが整数になるときにはいつもジェシカはステラに追いつき,また $t=1$ のときにもジェシカはステラに追いつくので,$J-S$ は追いついた合計回数,すなわち $J-S=3$ である.ステラが逆向きに走るならば,時刻 t における二人の距離は $(J+S)t$ になる.これが整数になるときにはいつも二人は出会い,また $t=1$ のときにも二人は出会うので,$J+S$ は出会った合計回数,すなわち $J+S=11$ である.したがって $J=7, S=4$ になる.

177. すれ違う列車

V を旅客列車の速度,v を貨物列車の速度,D をロンドンからニューキャッスルまでの距離とする.これらが出発後 T 時間ですれ違うと

すると，$(V+v)T = D$ である．また，$vT/V = 1$ および $VT/v = 4$ である．4個の未知数に対して3個の式が得られているので，さらに何らかの情報がなければこれらを解くことはできない．求めたいのは比率 VT/D であり，これは $V/(V+v)$ に等しく，この値は V/v が分かれば決めることができる．しかし，あとの二つの等式の比から $V^2/v^2 = 4/1$ が得られるので，$V/v = 2$ および $VT/D = 2/3$ である．したがって，旅客列車はその全行程の最後の1/3を1時間で走り，その結果として全行程には3時間を要する．そして，貨物列車は全行程に6時間を要する．

［問題を完全には解くことはできなくても，かなりの部分を割り出すことができることに注意せよ．］

178. 閘室に浮かぶはしけ

鉄を投げ込む前と後で水の量は同じであり，はしけは静かに浮いているので，鉄を投げ込む前も後もその重量の水を押しのける．鉄がはしけに積まれているときは，その鉄と同じ重さの水と同じ体積を押しのけるが，鉄が水の中にあるときにはその体積だけの水を押しのける．鉄は水よりもかなり比重が大きいので，鉄がはしけに積まれているときのほうが多くの水が押しのけられ，閘室の中の水位は高くなる．

2番目の問題に答えるためには，少し表記を決めておく必要がある．鉄の体積を V とし，（うまく単位を選べば1とすることができる水の密度に対して）鉄の密度を d とする．すると，鉄の重さは dV になる．このとき，鉄を投げ込む前と後の押しのけられる水の体積の差は $dV - V = (d-1)V$ である．閘室の面積が A ならば，水位は $(d-1)V/A$ だけ下がる．はしけの重さは鉄を水に投げ込むと dV だけ軽くなるので，はしけが押しのける水の体積は dV だけ減る．はしけの平均断面積が a ならば，dV/a だけ水面より上昇する．$d-1 < d$

および $A \geq a$ なので，水位の低下ははしけの上昇よりも小さいので，閘室の底から見るとはしけは上昇する．［鉄の代わりに，同じ体積で密度の高い材質にすると，水位はもっと下がって，はしけは水面からもっと上昇し閘室の底から見てももっと上昇する．］

［同僚のローリー・ダンによる別解では，この過程を2段階に分けて考える．まず，鉄を地上に下ろしたと想像しよう．このとき，はしけは，鉄の重さをはしけの断面積で割り算したものに等しい量，すなわち dV/a だけ水面から上昇する．一方，閘室の水位は dV/A だけ下がる．$A \geq a$ なので，閘室の底から見るとはしけは上昇する．つぎに，鉄を水の中に入れる．これによって，水位は上昇し，はしけも水位とともに上昇する．したがって，閘室の底から見るとはしけは2重に上昇したことになる．］

179. 弾むボール

実際にはジェシカは正しい．すなわち，ボールは無限回弾む．しかし，数回弾んだあとは弾んでいるのを見ることはできない．よく弾むボールを硬い床に落としたならば，かなり多くの弾む音を聞くのが可能なこともある．しかし，無限の時間がかかることはない．なぜなら，それぞれの弾む時間はあっという間に小さくなるので，弾んでいる時間の合計は有限になるからである．

これを示すために，高さ H からボールを落としたと仮定する．学校で習う物理学によって，g を重力加速度とするとき，ボールが時刻 T に地面に届くとすると $H = gT^2/2$ である．したがって，$T = \sqrt{2H/g}$ になる．また，学校で習う物理学によって，ボールが跳ね上がる時間はそこからボールが地面に落ちるまでの時間に等しい．ボールは H の半分の高さまで弾むので，第2段階の全時間は $2\sqrt{2H/2g} = 2T/\sqrt{2}$ であり，このあとのそれぞれの段階で弾む高さは前の段階の半分になり，それにかかる時間は $1/\sqrt{2}$ 倍になる．したがって，弾んでいる時

間の合計は $T+2T/\sqrt{2}+2T/\sqrt{2}^2+2T/\sqrt{2}^3+2T/\sqrt{2}^4+\cdots$ となり，これは $T+2T/\sqrt{2}(1+1/\sqrt{2}+1/\sqrt{2}^2+1/\sqrt{2}^3+1/\sqrt{2}^4+\cdots)$ に等しい．この括弧の中は無限等比級数であり，その和は $1/(1-1/\sqrt{2})=\sqrt{2}/(\sqrt{2}-1)=2+\sqrt{2}$ になる．$2/\sqrt{2}=\sqrt{2}$ に注意すると，無限回弾むときの合計時間は $(3+2\sqrt{2})T=5.828\cdots T$，すなわち $6T$ よりもわずかに小さい．

180. 月を飛び越える

走り高跳びの力学を調べると，最初の答えでは不十分であることが分かる．フォスベリーの身長は分からないが，切りのよい数として6フィートとしておこう．フォスベリーが跳ぶとき，その重心は地面から約3フィートの高さから上方に動きだす．フォスベリーがバーを越えるとき，水平方向にきわめて平たくなって，彼の重心はほぼバーの高さになるだろう．したがって，フォスベリーが重力に逆らって実際に行った仕事は，重心を4フィート $4\frac{1}{2}$ インチ高い位置に上げることである．したがって，フォスベリーは月面ではこの6倍，すなわち26フィート3インチまで重心を上げることができるだろう．これに開始時点での重心の高さである3フィートを加えると，フォスベリーは29フィート3インチを跳ぶことができるだろう．

私が学生であった1960年代に，この問題はよく知られていた．それ以来，走り高跳びの技法は選手の重心が実際にはバーの上を通らないところまで改善されている．この影響によって，29フィート3インチという値は小さくなる．バーの下方に距離 d のところを選手の重心が通るならば，月面では高さ29フィート3インチから $5d$ を引いた高さのバーを越えることができる．この差はそれほど大きくなく，おそらく重心が選手の身長の半分の高さという前提による誤差よりも小さいだろう．

181. 2枚の鏡

鏡の角を見ながら片方の眼をつぶると，鏡に映った像は横に移動して，縦に走る角の線は開いている眼の上を通る．開いている眼はその縦に走る角の線によって完全に見えなくなることが多い．もう一方の眼で見るように切り換えると，鏡に映った像は横に移動して，縦に走る角の線はその使っているほうの眼の上を通る．どちらの片眼で見た像も完全ではないが，両眼を使うと，二つの像が重なり合って両眼を含めて全身が見えるような像になり角の線は両眼の間を通る．

182. 頭を使った重量挙げ

簡単に言うと，これは引っ掛けである．選手が持ち上げることのできる重さは関係がない．ロープを引き下げるときに発揮できる最大の力はその人の体重である．機械的倍率は正しいので，持ち上げることのできる最大重量はその人の体重の2倍よりわずかに軽い．

第14章

183. 中庭の小路の敷石

　場合の数を直接数えてその値を求めることもできるが，かなり退屈である．それよりも，短い小路から考え始めるほうがかなり簡単になる．$P(n)$ を長さ n の小路への敷き方の数とする．あきらかに $P(1) = 1$ であり，問題の中で指摘したように $P(2) = 2$ である．

　2×3 の小路を考えてみよう．最初の 1 枚の舗装板を横向きに置くことから始めることができる．このとき，2×2 の小路が残り，それは $P(2)$ 通りに敷くことができる．一方，最初に舗装板を縦向きに置くことから始めることもできる．このとき，小路の幅を埋め尽くすために，最初の 1 枚に並べてもう 1 枚の舗装板も縦向きに置かなければならない．すると，2×1 の小路が残り，それは $P(1)$ 通りに敷くことができる．したがって，$P(3) = P(2) + P(1) = 2 + 1 = 3$ である．同じようにして，$P(4) = P(3) + P(2) = 3 + 2 = 5, \ldots$ ということが分かる．これは一般的な規則として $P(n) = P(n-1) + P(n-2)$ と書くことができる．すなわち，それぞれの項は直前の 2 項の和になる．これらの項をもつ数列は

　　　$1, 2, 3, 5, 8, 13, 21, 34, 55, 89, 144, 233, 377, 610, 987, \ldots$

となり，この数列の第 10 項，すなわち $P(10) = 89$ が求める値である．

　［この数列は，フィボナッチとして知られるピサのレオナルドが 1202 年に *Liber Abaci* の中で紹介した，有名なフィボナッチ数であ

る．この本はアラビア数字をヨーロッパに導入した．フィボナッチの問題は，同じ数列を生じるウサギのつがいの子孫に関するものである．$P(n)$ は n か月後のウサギの総数になる．フィボナッチ数について少し知っているなら，1202年の年初から始めたと仮定するとウサギのつがいが今では何組になっているかを計算してみるといい．]

184．立方体の半分

下層にある4個の小立方体を一周する順に1, 2, 3, 4と番号をつけ，それらの上にある小立方体に同じ順で5, 6, 7, 8と番号をつける．立方体を回転させると，小立方体1を選ばれた小立方体の一つ，すなわち，赤色であるように必ずできる．選ばれた（あるいは赤色の）小立方体の隣接する塊のうちで最大のものを考える．この塊に少なくとも3個の小立方体があれば，それらのうちの3個を1, 2, 3の位置にもってくることができる．このとき，4番目の小立方体の選び方5通りは，すべて異なる配色になる．次に，最大の塊が隣り合う2個の小立方体であると仮定しよう．これらを1, 2の位置にもってくることができる．このとき，3, 4, 5, 6のいずれかを選ぶと塊が大きくなってしまうので，それらを選ぶことはできない．したがって，唯一の場合は2組の小立方体が平行に位置する1, 2, 7, 8である．最後に，どの2個の小立方体も隣り合っていないと仮定しよう．このような配色は，実質的に1, 3, 6, 8の1通りしかない．これで，合計7通りの配色が得られた．これは主張されている70通りよりもかなり小さい．

配色1, 2, 3, 5と配色1, 2, 3, 7は互いに鏡像である．ある問題ではこれらを同じとみなすこともあるが，ここでは現実にある物理的な立方体を扱っているので，それを裏返すことはできない．

[それぞれの配色において，赤色の小立方体の配置は青色の小立方体の配置と合同であることに注意せよ．同じように，2×2 の正方形をどのように赤色2個と青色2個に塗り分けても，赤色の小正方形の

配置は青色の小正方形の配置と合同になることがいえる．高い次元でも同じことが成り立つだろうか．]

185. 立体ドミノ牌

覆うことはできない．$3 \times 3 \times 3$ の配列を3次元のチェス盤とみなして，黒い小立方体 (B) と白い小立方体 (W) が交互になるように塗り分ける．角の小立方体を黒に塗ったと仮定しよう．このとき，それぞれの層は次のようになる．

```
B W B    W B W    B W B
W B W    B W B    W B W
B W B    W B W    B W B
```

全部で $5+4+5=14$ 個の黒い小立方体と，$4+5+4=13$ 個の白い小立方体がある．このとき，中央の小立方体を取り除くと白い小立方体を取り除くことになり，黒い小立方体 14 個と白い小立方体 12 個が残る．ドミノ牌は黒い小立方体 1 個と白い小立方体 1 個を覆うので，どのようにドミノ牌を配置したとしても中央の小立方体を取り除いた盤をドミノ牌で覆うことはできない．

[私はこれを何年か前に見つけた．マーチン・ガードナーはすでに見つけられていると言ったが，それが印刷されたものを見たことはない．]

186. がんじがらめ

3 頭の馬のレースには 13 通りの結果がある．その 13 通りを列挙すると次のようになる．ただし，A, BC は，A が 1 着で，それに続いて B と C が同着であることを表す．

ABC;
AB,C;　AC,B;　BC,A;　A,BC;　B,AC;　C,AB;
A,B,C;　A,C,B;　B,A,C;　B,C,A;　C,A,B;　C,B,A

はできない．これで，全部で $8 \times 2 = 16$ 通りのサイコロが得られた．

これが単なる仮説に基づく問題だと考える人がいないように，私は20軒ほどのゲーム，手品，パズルなどの専門店を訪ねてこの16種類をすべて手に入れた．サイコロは一つの頂点において 1, 2, 3 の目が反時計回り（左回り）に配置されているのが普通であるが，私はこの形のサイコロ 8 種類と，その鏡像，すなわち一つの頂点において時計回りに配置されている 8 種類をもっている．多くの店にはこの両方の形のサイコロがある．ロンドンのカムデンロックでゲーム専門店を営むレイ・ベートケは，ゲームの付属品としてサイコロをつけるときにすべてのサイコロを同じ向きに揃えることができず，この事実に気づいたと言っている．レイは，以前の注文とサイコロが違っていると苦情を述べるお客もいると言っていた．

実際には，あとでレイはサイコロが実は 32 種類であることを見せてくれた．極東のサイコロは，しばしば 2 の目がその面上で対角線方向ではなく辺に平行に並ぶように作られている．レイはこの「直交する」2 種類の目の並びを使った 4 種類のサイコロをすでに見つけていて，そのうちの一つは時計回りの配置になっている．それからあとに別のサイコロを入手したし，2004 年には北京でさらに 4 種類のサイコロを入手し，この 16 種類のうちの 9 種類が手に入った．

［サイコロの異なる形について最初に教えてくれたのは，カルガリー大学のリチャード・ガイであったと記憶している．最近，レイ・ベートケは，目がハート形になっている東洋のサイコロを見せてくれた．これだと，サイコロの種類が膨大な数になる．］

188. 数を数える

1, 2, 3 を使うと，$3 \times 2 \times 1 = 6$ 通りの数，具体的には 123, 132, 213, 231, 312, 321 を作ることができるのは普通に思いつく．もう少し考えると，ハマー氏が 12, 13, 21, 23, 31, 32 や 1, 2, 3 も数に含めていること

に気づく．10個の数字では，1桁の数が10通り，2桁の数が10×9通り，3桁の数が$10\times 9\times 8$通り，と続いて，10桁の数は$10\times 9\times 8\times \cdots \times 1$通りある．これらを合計すると，$10+90+720+5040+30240+151200+604800+1814400+3628800+3628800=9864100$通りの数を作ることができる．

しかし，これには左端が0になる数も含まれている．左端が0になる数を$1+1\times 9+1\times 9\times 8+\cdots$と数えることもできるし，左端が0ではない数を$9+9\times 9+9\times 9\times 8+\cdots$と数えることもできる．もっと単純には，どの数字を左端にもつ数も全体のちょうど1/10だけあることに注意すると，左端が0でない数は先ほどの合計の9/10，すなわち8877690通りになる．

189. 賽は投げられた

サイコロには8個の角があり，そこに集まる3面の和は次のようになる．

$1+2+3=6,\ 1+2+4=7,\ 1+3+5=9,\ 1+4+5=10$
$6+2+3=11,\ 6+2+4=12,\ 6+3+5=14,\ 6+4+5=15$

これらの値を2個足し合わせると，12から30までのすべての値をとることができる．しかしながら，その確率は通常のテーブルでサイコロを振るときのような単純な振る舞いにはならない．この場合には，$8\times 8=64$通りが同じ確率で生じる．ある値になるような場合の数を64で割るとその値の確率が得られるので，それらの場合の数を求める必要がある．それぞれの値が得られる場合の数を次の表に示す．ただし，対称性によってVと$42-V$の場合の数は等しい．

12,30	13,29	14,28	15,27	16,26	17,25	18,24	19,23	20,22	21
1	2	1	2	4	4	5	4	5	8

これで分かるように，これらの場合の数の振る舞いには，単純さのかけらもない．

[それぞれの場合の数が生じる値の一覧を次の表に示す.

場合の数 N	N 通りの場合が生じる値
1	12, 14, 28, 30
2	13, 15, 27, 29
4	16, 17, 19, 23, 25, 26
5	18, 20, 22, 24
8	21]

[興味のある読者は,サイコロのそれぞれの辺が上を向くようにしたテーブルでは何が起きるか調べてみるとよい.]

190. 女王バチの家系

素直に,i 世代前の雄バチを $M(i)$ 匹,雌バチを $F(i)$ 匹,合計を $T(i)$ 匹として,先祖の数を詳細な表にする.次のような関係式が成り立つことが分かる.雌バチには雄の親しかいないので,$M(i+1) = F(i)$ である.すべてのハチには雌の親がいるので,$F(i+1) = T(i)$ である.

世代

	0	1	2	3	4	5	6	7	8	9	10
$M(i)$	0	1	1	2	3	5	8	13	21	34	55
$F(i)$	1	1	2	3	5	8	13	21	34	55	89
$T(i)$	1	2	3	5	8	13	21	34	55	89	144

そして,合計の定義によって,$T(i) = M(i) + F(i)$ である.これらの関係式を何回か使うと,

$$F(i+2) = T(i+1) = F(i+1) + M(i+1) = F(i+1) + F(i)$$

であることが分かる.これは,フィボナッチ数の再帰式である.実際には,数列 $M(i)$ は標準的なフィボナッチ数列であるが,$F(i)$ と $T(i)$

は，同じ数列をそれぞれ1段階，2段階進めたものになっている．

191. 川渡り

農夫，娘，オオカミ，ヤギ，キャベツをそれぞれF, D, W, G, Cで表す．最初に川を渡るのがDGまたはDCであるような2通りの最小解がある．ここではDGが最初に川を渡る解を示し，DCが最初に川を渡る解を求めるのは読者に委ねる．

DGが渡り，Dが戻る．FDが渡り，Fが戻る．FWが渡り，Dが戻る．DCが渡る．これで移動は7回である．誰と誰が一緒にいられるかについての制約がない場合さえ7回は最小移動回数である．

192. 種々の文献

解は，与えられた順序の中の「最長部分増加列」によって決まる．その考え方は，たとえば5冊の本の例を使って説明するのが分かりやすい．背の低い本から高さの順に1, 2, 3, 4, 5と表記し，3, 4, 2, 5, 1という順に並んでいると仮定する．部分列はこの数列の一部分で，必ずしも隣り合っている必要はないが，たとえば3, 4や3, 2, 1のように元の数列と同じ順序になっているものである．このような部分列は，3, 4や3, 4, 5のように値が昇順に並んでいるならば増加部分列という．与えられた順序の中の最長増加部分列（最長のものが複数あればそのうちの一つ）を考える．その最長増加部分列に含まれない本を1冊取り出して，最長増加部分列が長くなるような位置に戻すと，その最長増加部分列は1だけ長くなる．したがって，本を昇順に並べ直すために必要な移動回数は，本の総数から最長増加部分列の長さを引いたものに等しい．本をどのように移動しても，この増加部分列は1だけしか長くならないので，これよりも少ない回数で本を昇順に並べ直すことはできない．このことから，もっとも多くの仕事をしなければならなくなるのは，本が降順に並んでいて本の総数よりも1だけ少

ない回数の移動が必要な場合であることが分かる．たとえば5, 4, 3, 2, 1を昇順に並べ直すのには，4回の移動が必要である．

193. 海辺の休日

4組の夫婦をA, a, B, b, C, c, D, dと表記する．Aとaは同じテーブルにつくことはけっしてないので，その2台のテーブルをAとaによって区別する．1夜目には，Aはb, c, dのうちの一人と組み，対戦相手は残りの2夫婦の男性と女性になる．これは3! = 6通りあるが，単に名前を入れ換えただけの違いしかない．その6通りの一つ，たとえば，Ab対Cdを考える．これで，もう一方のテーブルはaB対cDかaD対Bcという対戦になるので，1夜目には本質的に2通りの異なる組合せが得られた．このとき，前者の組合せの場合には，残りの日の組合せは2夜目と3夜目が入れ換えられることを除いて決まってしまうことを示す．2夜目と3夜目のいずれかでAはcと組むことになるので，それは2夜目であると仮定しよう．Aはすでにdと対戦しているので，Aのテーブルのほかの2名はDbでなければならない．もう一方のテーブルはaBCdであるが，aはすでにBと組んでいるので，このテーブルはaC対Bdでなければならない．3夜目には，あまり選択肢はなくAd対BcとaD対bCになる．1夜目のもう一方の組み合わせからも同じように解が得られる．それらを整理すると次のようになる．

Aのテーブル	aのテーブル
Ab対Cd	aB対cD または aD対Bc
Ac対bD	aC対Bd または aB対Cd
Ad対Bc	aD対bC または aC対bD

194. 連鎖ゲーム (1)

すぐに答えとしてあがるのは，その長さにかかわらず8回開いて閉じる必要があるというものだ．しかしながら，長さが1の断片があれば，それを開いてほかの2個の断片をつなぎ合わせるために使うことができる．したがって，9個の断片の場合には，長さが1の断片が少なくとも4個あれば，その4個を開いて残りの5個をつなぎ合わせるために使うことができる．したがって，15分の4倍，すなわち1時間あれば完了する．断片がn個でnが奇数ならばnは$2k+1$という形になり，長さが1の断片がk個あるときにはk回開いて閉じることで作業を終えられる．nが偶数ならばnは$2k$という形になり，長さが1の断片が$k-1$個あるときにはk回開いて閉じることで作業を終えられる．

195. 激情にかられて

これには，どのように紙を折るのか，そしてどのようにそれを引き裂くかによって，3通りの答えがある．対角線に沿って折ると答えはもっと増えるだろうが，それでは通常の用紙をきちんと折り畳んでいることにはならない．用紙全体の面積を1としよう．

2回目の折り目が1回目の折り目と平行であったと仮定しよう．この折り目に垂直に引き裂いたならば，それぞれが用紙全体の半分である2片に分かれる．この折り目に平行，あるいは，対角線方向に引き裂いたならば，用紙の1/8の面積をもつ2片と，1/4の面積をもつ3片の合計5片になる．

もっとよくあるのは，2回目の折り目が1回目の折り目と垂直になる場合である．このとき，どちらかの折り目に平行に引き裂くと，面積がそれぞれ1/4, 1/4, 1/2の3片になる．もとの用紙の中心から角に向かう対角線に沿って引き裂くと，面積がそれぞれ1/4の4片にな

る．しかし，もう一方の対角線に沿って引き裂くと，用紙の 1/8 の面積をもつ 4 片と，1/2 の面積をもつ 1 片の合計 5 片になる．

［研究課題：これ以外の回数で折り畳んだり引き裂いたりするとどうなるだろうか．］

196. そんなには起こりそうもない

これは実際には，確率の分かりやすい練習問題である．多くの場合，カードの束から一枚を取り出したら束に戻さずに続けて 3 枚のカードを引く．A, 2, J という事象の少なくとも一つが生じる確率 P を求めたいのだから，その事象がどれも生じない余事象の確率 $1 - P$ を考えるのが簡単である．望ましいカードは 12 枚なので，望んでいないカードは 40 枚ある．3 回の試行で 3 回とも望んでいないカードを引く確率 $1 - P$ は $40/52 \times 39/51 \times 38/50 = .44706$ なので，$P = .55294$ である．この確率は，「3 回のうち 2 回」すなわち .66667 にそれほど近いとは思えない．当初，この著者は数について少し無頓着だったのだろうと考えたが，この問題をまとめている間に，4 種類のカードの場合には何が起こるか気になった．その場合には，$1 - P = 40/52 \times 39/51 \times 38/50 \times 37/49 = .33758$ であり，したがって $P = .66242$ となる．これは，「3 回のうち 2 回」にこの上なく近い．したがって，カモに切り分けるように求める山の数を誰かが忘れてしまったように思われる．そうすると誰がカモなのだろうか．

［*Knowledge* 1 (3 Feb 1882) 301 には，山を切るのを別個に 3 回行うことを許すこの問題の別のバージョンがある．このバージョンでは，3 種類のカードのどれも出ない確率 P は $(10/13)^3 = .45517$ であり，したがって，$1 - P = .54483$ である．これは，前述のバージョンよりも少しましである．*Knowledge* 1 (10 Mar 1882) 409 では，最初のバージョンを考えていて，ここで示したのと同じ結果を得ている．］

197. 特別選挙

とても長い時間がかかる．空白も含めなければならないので，全部で16文字になる．この16文字がすべて異なっていれば，

$$16! = 16 \times 15 \times \cdots \times 2 \times 1 = 20{,}922{,}789{,}888{,}000$$

通りの並べ方，あるいは16文字の順列になる．しかしながら，1種類の文字が3回現れているし，3種類の文字はそれぞれ2回現れるので，これらの文字どうしを並べ換えても異なるメッセージにはならない．これは，$16!$ を $3! \times 2! \times 2! \times 2! = 48$ で割らなければならないことを意味している．その結果，$16!/48 = 435{,}891{,}456{,}000$ 通りの相異なる並べ方があり，したがって，ジェシカとレイチェルはこれだけの秒数を要する．1年を365と1/4日とすると，31,557,600秒であるから，13,812.6年かかることになる．

言語学にうるさい人は，空白が先頭にあるような文字の並べ方は，同じ文字の並べ方で空白が末尾にあるような並べ方と実際には同じであると指摘するかもしれない．前述の順列の1/16は，空白がそれぞれ与えられた位置にくるので，とくに空白が先頭にあるような並べ方も空白が末尾にあるような並べ方も1/16ずつになる．これらの一方を取り除いても，前述の数の15/16が残るので，その値を計算してみるとよいだろう．

198. 2枚越え (1)

1列に並べた8枚の硬貨では16通りの解があるが，そのうちの半分は最後の2手の順序だけが異なる解8通りの鏡像である．4を7に移動し，6を2に移動する．試行錯誤によって，この最初の2手が裏返しを除いて一意であることがすぐに分かる．これで，次のようなほぼ対称的な状況になる．1 62 3 - 5 - 47 8 （62は，2の上に6が積まれた山を表している．）

ここから，1を3に移動または3を1に移動させるのと，5を8に移動または8を5に移動させるのは，どちらを先に行ってもよいので，8通りの解が得られ，鏡像と合わせると16通りになる．

1列に並べた10枚の硬貨では，最初に4を1に移動させる．これで，1列に並んだ8枚が残る（移動させたあとの何も置かれてない場所は気にしなくてよい）ので，前述の8枚の解のどれでも適用することができる．10よりも大きな偶数についても同じように，最初に4を1に移動させてから，それよりも小さい枚数に対する解を使う．［この結果はマーチン・ガードナーから教えてもらった．］ほかの解があるかもしれないが，探したことはない．

円周上に並べた8枚の硬貨の場合，最初に打つ手はどれも等価なので，5を8に移動させるところから始める．最終的にはすべての山が偶数の位置にあるようにしたいので，移動させることのできるのは奇数の位置にある硬貨だけであり，可能な次の手は1を4に移動させることだけである．すると，必然的に7を2に，そして，3を6に移動させることになる．しかし，最後の2手を逆順にしてもよい．

最終的に隣り合った位置に山ができるためには，$5 \to 8, 7 \to 3, 6 \to 1, 4 \to 2$ と移動させる．

円周上に並べた10枚の硬貨の場合は，$7 \to 10, 5 \to 2, 9 \to 4, 3 \to 6, 1 \to 8$ と移動させる．最後の2手を逆順にしても隣り合った位置に山ができる．

199. 封筒の一筆書き

すべての辺をちょうど1回ずつ通るような経路は，レオンハルト・オイラーが1736年に初めて研究したことからオイラー路として知られている．オイラーは，オイラー路が存在するならば，オイラー路の端点を除いて，そのグラフのすべての頂点には入ってくる辺と出ていく辺が同数，したがって偶数本の辺がなければならないことを見つけ

た．問題のグラフのいずれにおいても，頂点1と2にはそれぞれ3本の辺があり，ほかの頂点には4本の辺があるので，頂点1と2がオイラー路の端点でなければならない．簡単のために頂点1から出発するオイラー路だけを考えよう．頂点2から出発するオイラー路は，頂点1から出発するオイラー路を逆順にしただけである．（これらのグラフも縦の二等分線に関して対称であり，鏡像になるオイラー路は同じものだと考えることもできる．その場合には，それ自身の鏡像に等しいオイラー路はないので得られた場合の数を2で割る．）

いずれのグラフも，辺DとEは同等であり交換可能である．したがって，辺Eよりも辺Dを先に通るオイラー路だけを数えることにして，最後に2倍すればよい．

左側の図では，AとB，FとGが対称になっていて交換可能であることから，次の11通りのオイラー路が見つかる．

ADBCFEG，　ADBCGEF，　ADEFCBG，　ADEFGBC，
ADGCBEF，　ADGFEBC，　AFCBDEG，　AFGDEBC，
CFABDEG，　CFDBAEG，　CFDEABG．

このそれぞれは，前述の2種類の対称性を使うと4通りの相異なるオイラー路になるので，点1から点2まで44通りのオイラー路がある．（逆向きも含めて数えると88通りになる．）そして，計算機のプログラムでこれを確認した．

右側の図でオイラー路を数え上げるのは左側の図ほど簡単ではなく，プログラムで特定したいくつかの場合を当初の手計算では見落としていた．Aから出発するオイラー路は22通り，Bから出発するオイラー路は22通り，cから出発するオイラー路は16通りあり，合計で60通りになる．このそれぞれは，DとEを交換することで2通りの相異なるオイラー路が得られるので，点1から点2まで120通りのオイラー路がある．

200. 平面の塗り分け

1辺が1インチの正三角形の頂点となる任意の3点 A, B, C を考える．この3点はすべて異なる色でなければならないので，少なくとも3色は必要になる．3色だけで塗り分けができたと仮定しよう．ここで，辺 BC を1辺として BCD が正三角形になるような点 D を三角形 ABC の反対側に考える．

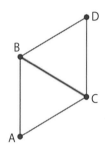

このとき，D と A は同じ色，具体的には B とも C とも異なる色でなければならない．単純な幾何学によって，A と D とは $\sqrt{3}$ だけ離れている．$\sqrt{3}$ だけ離れた任意の2点にはこの論証が当てはまるので，$\sqrt{3}$ だけ離れた任意の2点は同じ色でなければならない．したがって，A を中心とした半径 $\sqrt{3}$ の円周上の点はすべて A と同じ色でなければならない．しかし，D をこの円周上の任意の点とすると，D から1インチ離れた点もその円周上にあり，1インチ離れた同じ色の2点が得られた．この矛盾によって，3色では塗り分けを完成させることができないことが示せた．

[直径が1インチよりわずかに短い正6角形で平面を敷き詰めて，次のように7色で規則的に塗ると，条件を満たす7色での塗り分けが得られる．

```
1 2 3 4 5 6 7 1 2 3 4 5 6 7 1 2 3 4
  4 5 6 7 1 2 3 4 5 6 7 1 2 3 4 5 6 7
6 7 1 2 3 4 5 6 7 1 2 3 4 5 6 7 1 2
  2 3 4 5 6 7 1 2 3 4 5 6 7 1 2 3 4
4 5 6 7 1 2 3 4 5 6 7 1 2 3 4 5 6
```

この問題とそれに対する二つの結果は，R. M. ロビンソンによるものと思われる．]

201. 連鎖ゲーム (2)

いくつかの場合を試してみると，すぐに，$a_1 \leq n-1$ ならば，その長さ a_1 の断片を a_1 個の開いた輪に切り，それを使って残りの断片のうちの $a_1 + 1$ 個をつなぎ合わせられることに気づく．これで，断片の数は $a_1 + 1$ 個だけ減る．ここで 1 を加えているのは，もっとも短い断片は使い切ったからである．これの手順を繰り返すと，$a_2 \leq n - a_1 - 2$ ならば，2 番目の断片を使い切って残りの断片のうちの $a_2 + 1$ 個をつなぎ合わせることができる．この手順を，残っている最短の断片の長さが残りの断片をつなぎ合わせるために必要な輪の個数よりも長くなるところまで続ける．この時点で，残りの断片をつなぎあわせるために最短の断片の輪をすべて開く必要がないので，得にはならない．すると，輪を開いて溶接する合計回数は，$n-1$ から使い切った断片の数を引いたものになる．これは，次のように述べることができる．

和が $n-j-1$ を超えるまで $a_1 + a_2 + \cdots + a_j$ を増やしていく．すると，輪を開いて溶接する最小回数は $n-j$ である．

問題 194 では，j のとりうる最大値を求めることで $n-j$ のとりうる最小値を得たが，そのときは開いて溶接されるのが長さが 1 の断片であると仮定した．したがって，前述の和 $a_1 + a_2 + \cdots + a_j$ の値は j になる．

202. 盲目の修道院長と修道女

対角に位置する2部屋それぞれに9人を配置すると，18人だけで修道院長は満足する．それぞれの辺の真ん中に9人を配置すると，36人で修道院長は満足する．収容する人数は，18人から36人までのすべての数が可能である．一人追加するには，一つの角部屋から一人減らし，それに隣接する2部屋それぞれに一人加える．

任意の和 S に対しては，$2S$ から $4S$ までのすべての数が可能である．

すべての角部屋の人数が等しく，すべての辺の中央の部屋の人数も等しいならば，$2A + B = 9$ である．したがって $A = 0, 1, 2, 3, 4$ であり，合計人数は $4A + 4B = 36 - 4A = 36, 32, 28, 24, 20$ になる．S がどのような値であっても，$A = 0, 1, \ldots, \lfloor S/2 \rfloor$ に対して $4S - 4A$ が合計になる．ただし，$\lfloor x \rfloor$ は x を超えない最大の整数を表す．

すべての配置を見つけるには，結局は次のように進めることにした．A と E を $0 \leq A \leq S, 0 \leq E \leq S$ となるように選ぶ．このとき，C と G は，いずれも $S-A$ と $S-E$ の小さいほう以下でなければならない．この小さいほうの値を M とすると，C と G の選び方は $(M+1)^2$ 通りある．$M = S, S-1, \ldots$ それぞれの場合に対 A, E を探す．$M = S$ の場合には1通り，$M = S-1$ の場合には3通り，$M = S-2$ の場合には5通りと続き，それらの合計は $(S+1)^2 + 3S^2 + 5(S-1)^2 + \cdots$ 通りになる．（標準的な方法を使うと，この合計は

$$\frac{1}{6}(S^4 + 6S^3 + 14S^2 + 15S + 6)$$

になる．）$S = 2$ に対しては $9 + 3 \times 4 + 5 \times 1 = 26$ 通り，$S = 3$ に対しては

$$16 + 3 \times 9 + 5 \times 4 + 7 \times 1 = 70$$

通りになる．

一般の S に対して正方形の対称性のもとで同値ではない場合の数を

求めるためには，もう少し理論が必要になるが，それをここで述べるのは適切ではない．小さな S については $A \leq E$ および $C \leq G$ という条件を課すことで場合分けの数を減らすことができるが，それでも手作業で調べなければならない数通りの場合が残る．

$S = 2$ に対しては 9 通りの解があり，それらの $AECG$ の値は 0000, 0001, 0002, 0011, 0012, 0022, 0101, 0111, 1111 になる．

$S = 3$ に対しては 19 通りの解があり，それらの $AECG$ の値は 0000, 0001, 0002, 0003, 0011, 0012, 0013, 0022, 0023, 0033, 0101, 0102, 0111, 0112, 0122, 0211, 1111, 1112, 1122 になる．

203. ヤーバラ伯爵の賭け

13 枚のカードを配ると考える．1 枚目のカードが 10 より小さい確率は，バトラー氏が言うように $32/52 = 8/13$ である．しかし，いったんそのようなカードが配られたあとでは，次のカードが 10 より小さい確率は $31/51$ に減る．したがって，ヤーバラの確率は $(32 \times 31 \times \cdots \times 20)/(52 \times 51 \times \cdots \times 40) = 5394/9860459 = .000547$ であり，これは約 $1/1828.04$ である．したがって，正しい配当は 1 ポンドに対して 1827.04 ポンドになる．ヤーバラ伯爵は最後まで胴元を笑いつづけていたにちがいない．

204. チェスの駒の並べ方

一方のプレーヤーが 8 個のポーンを並べるのに $8! = 8 \times 7 \times 6 \times 5 \times 4 \times 3 \times 2 \times 1 = 40320$ 通りの並べ方がある．しかし，ルーク，ナイト，ビショップの置き方もそれぞれ 2 通りあるので，さらに 8 倍になり，その結果は $8 \times 40320 = 322{,}560$ 通りである．もう一方のプレーヤーにも $322{,}560$ 通りの駒の置き方があるので，合わせると $322{,}560^2 = 104{,}044{,}953{,}600$ 通りになる．しかし，二人が白と黒を入れ換えると，$208{,}089{,}907{,}200$ 通りになる．1 日にうまくすれば 10 試

合できるとすると，一方のプレーヤーだけで 32,256 日 = 88.3 年になり，双方合わせるとすべての並べ方を使い切るのに 20,808,990,720 日 = 56,971,911 年になる．

205. ウィンブルドンの悩みの種

タイブレークがある場合，1 セットで起こりうるスコアは 6-0, 6-1, 6-2, 6-3, 6-4, 7-5, 7-6 の 7 通りである．

男子プレーヤーの敗者ができるだけ多くのゲームをとるのは，3 セットをそれぞれ 7-6 で落とし残りの 2 セットをそれぞれ 6-0 でとる場合で，勝者が 21 ゲームをとるのに対して敗者は 30 ゲームをとる．女子プレーヤーでは，2 セットをそれぞれ 7-6 で落とし 1 セットを 6-0 でとる場合で，勝者が 14 ゲームをとるのに対して敗者は 18 ゲームをとる．

男子の試合では，勝者は少なくとも 18 ゲームをとらなければならない．6-4, 6-4, 0-6, 6-4 や 6-0, 0-6, 0-6, 6-2, 6-4 などのように，4 セットまたは 5 セットの中で敗者も 18 ゲームをとる場合は何通りもある．女子の試合では，勝者は 12 ゲームをとらなければならず，敗者もたとえば 6-4, 0-6, 6-2 のように 3 セットで 12 ゲームをとることができる．これらの最小値が生じうる可能な場合をすべて調べるのもそれほど難しくはないが，ここで示す解に比べると時間がかかる．

タイブレークがあると 1 セットでは最大 13 ゲームなので，男子の試合での最大ゲーム数は 65 である．これは偶数ではないので，双方のプレーヤーが同数のゲームをとるとしたら，それぞれのプレーヤーが 32 ゲームをとって最大ゲーム数は 64 になる．このようになる試合は，たとえば 7-6, 6-7, 7-6, 5-7, 7-6 のように何通りもあるが，いずれもこのスコアを並べ換えたものにすぎず，そのような並べ換えは 12 通りある．

女子の試合では最大ゲーム数は 39 であり，したがって双方のプレー

ヤーが同数のゲームをとるとしたら，それぞれが19ゲームをとって最大ゲーム数は38になる．このようになる試合は，7-6, 5-7, 7-6のように簡単に見つけることができるが，この場合もすべての解はこのスコアを並べ換えたものにすぎず，そのような並べ換えは2通りしかない．

206. 2枚越え (2)

8枚の硬貨では最小値は15であり，$5 \to 2, 3 \to 7, 1 \to 4, 6 \to 8$ と $5 \to 2, 3 \to 7, 6 \to 8, 1 \to 4$ の2通りから得られる．この2通りは本質的に同じで，動かす順序が異なるだけである．

10枚の硬貨では最小値は22であり，4通りの動かし方で達成される．その一例は $5 \to 2, 7 \to 10, 3 \to 8, 1 \to 4, 6 \to 9$ である．そのほかの動かし方は，この解と本質的に同じである．

12枚の硬貨では最小値は31であり，6通りの動かし方で達成される．その一例は $5 \to 2, 9 \to 12, 7 \to 11, 3 \to 8, 1 \to 4, 6 \to 10$ である．この場合も，そのほかの動かし方はこの解と本質的に同じである．

207. 2山越え

6枚の硬貨に対する解を見つけるのは簡単で，$1 \to 4, 2 \to 5, 3 \to 6$ と移動させる．8枚の硬貨では，4を1に移動させることから始めると2枚の山と単独の硬貨6枚が残るので，この6枚の硬貨に対して6枚の硬貨の解を適用することができる．同様にして，任意の偶数 $N \geq 8$ に対しては，まず4を1に移動させることから始めて，残った単独の硬貨 $N-2$ 枚に $N-2$ 枚の硬貨に対する解を適用すればよい．

6枚の硬貨では，見えている硬貨の最小合計は6であり，その一意な解は前述の6枚の硬貨に対する解である．

8枚の硬貨では，見えている硬貨の最小合計は11であり，それは次

の3通りの動かし方で達成できる.

$$1 \to 4, 3 \to 6, 5 \to 8, 2 \to 7$$
$$1 \to 4, 5 \to 8, 2 \to 6, 3 \to 7$$
$$5 \to 8, 1 \to 4, 2 \to 6, 3 \to 7$$

最後の二つの解は本質的に同じだが,それらに1番目の解を結びつけるのはそれほど単純ではない.

10枚の硬貨では,見えている硬貨の最小合計は18であり,6通りの動かし方で達成できる.その一例は $1 \to 4, 3 \to 6, 7 \to 10, 5 \to 9, 2 \to 8$ である.そのほかの解は,すべてこの解から作り出すことができる.

208. 1山越え

4枚の硬貨に対する解は, $1 \to 3, 2 \to 4$ という移動である.硬貨の枚数が任意の偶数 $N \geq 6$ ならば,3を1に移動させることから始めて,残った $N-2$ 個の単独の山に, $N-2$ 枚の硬貨に対する解を適用すればよい.

4枚の硬貨では,見えている硬貨の最小合計は3であり,その一意な解は,前述の4枚の硬貨に対する解である.

6枚の硬貨では,見えている硬貨の最小合計は7であり,それは $1 \to 3, 4 \to 6, 2 \to 5$ と $4 \to 6, 1 \to 3, 2 \to 5$ という本質的に等しい2通りの動かし方で生じる.

8枚の硬貨では,見えている硬貨の最小合計は13であり,それは本質的に等しい3通りの動かし方で生じる.そのうちの一つは $1 \to 3, 6 \to 8, 4 \to 7, 2 \to 5$ である.

10枚の硬貨では,見えている硬貨の最小合計は21であり,それは本質的に等しい4通りの動かし方で生じる.そのうちの一つは $1 \to 3, 8 \to 10, 6 \to 9, 4 \to 7, 2 \to 5$ である.

209. 星のきらめき

58個の三角形がある．小さい三角形の一辺の長さを1とする．このとき，一辺1の三角形は24個，一辺2の三角形は18個，一辺3の三角形は8個，一辺4の三角形は6個，一辺6の三角形は2個ある．

210. 三角形の数

私は27個の三角形を見つけた．Aaとbcの交点をe，Aaとbdの交点をf，bdとacの交点をgとする．このとき，27個の三角形は，ABC, ABa, ACa, Aab, Aac, Abc, Abe, Abf, Ace, Bac, Bcd, Cab, Cbd, abc, abd, abe, abf, abg, acd, ace, adf, adg, afg, bcd, bcg, bef, cdgである．これ以外の三角形を見つけたら教えてほしい．

211. 絵札の確率

カードの束を通常の方法で切るときには，その束の一部を束の一番上から一番下に移動させる．しかしながら，カードの束が循環しているものとみなすと，カードの順序は変わることなく，ただその循環が始まる一番上のカードの位置が変わるだけである．したがって，12枚の絵札は常に最初と同じ順序を保っていて，12枚の絵札がひとまとまりになっていないのは，束の一番上のカードがその12枚の絵札の先頭を除く11枚のどれかであるとき，そしてそのときに限る．52枚のカードは等しい確率で束を切る位置になるので，束の一番上のカードが12枚の絵札の先頭を除く11枚のどれかになる確率は一定で11/52である．最初に束が切られたときには，束の一番上にあったカードの位置は無作為になり，続けてその束を切るときの確率は$11/52 = 0.212$である．これは$1/500 = 0.002$よりもかなり大きい．おそらく，その本の著者は0.2という値を0.2パーセントだと考えたのだろう．

実際には，手品師は多くの人がカードの束を真ん中あたりで切ることを知っていて，これを使って12枚の絵札を束の一端に入れて1回だけ切ってもらうとトリックが成功する．しかしながら，二，三回切ってしまうと，束の一番上のカードは，かなりランダムになる．

212. 着色立方体

色の塗られていない立方体は，内部にある大きさ $(A-2) \times (B-2) \times (C-2)$ の直方体から作られるので，これは

$$(A-2)(B-2)(C-2) = \frac{ABC}{2} \qquad (*)$$

を求めよという問題である．この解を探す前に，この式は

$$\left(1-\frac{2}{A}\right)\left(1-\frac{2}{B}\right)\left(1-\frac{2}{C}\right) = \frac{1}{2} \qquad (**)$$

と同じであることに注意しよう．A, B, C が大きくなると左辺の因子は大きくなる．このとき，$A \leq B \leq C$ ならば左辺は $(1-2/A)^3$ 以上になり，$A \geq 10$ ならば $1/2$ を超える．したがって，$A \leq B \leq C$ であるような解はすべて $A \leq 9$ になる．しかし，$A = 3$ または $A = 4$ ならば因子 $1 - 2/A$ はすでに $1/2$ 以下になっていて，これに1未満のどのような因子を掛けても解になることはない．したがって，ありえるのは $A = 5, 6, 7, 8, 9$ の場合だけである．

A のそれぞれの値について試すこと以上に簡単な方法を知らない．$A = 5$ の場合を具体的に求めてみよう．このとき，式 $(*)$ は $3(B-2)(C-2) = 5BC/2$，すなわち

$$6(B-2)(C-2) = 5BC$$

すなわち

$$6BC - 12B - 12C + 24 = 5BC$$

すなわち

$$BC - 12B - 12C + 24 = 0$$

となる．一般化された平方完成の形式を用いると

$$BC - 12B - 12C + 144 = 120$$

すなわち $(B-12)(C-12) = 120$ になる．この解は，120 の因数分解から次の 8 通りになる．

$$(A, B, C) = (5, 13, 132), (5, 14, 72), (5, 15, 52), (5, 16, 42),$$
$$(5, 17, 36), (5, 18, 32), (5, 20, 27), (5, 22, 24)$$

$A = 6$ の場合は $(B-8)(C-8) = 48$ となり，次の 5 通りの解がある．

$(A, B, C) = (6, 9, 56), \ (6, 10, 32), \ (6, 11, 24), \ (6, 12, 20), \ (6, 14, 16)$

$A = 7$ の場合は $3BC - 20B - 20C + 40 = 0$ となり，これを因数分解するためには，まず 3 倍して得られた $9BC - 60B - 60C + 120 = 0$ から $(3B-20)(3C-20) = 280$ になる．これで，280 のすべての因数分解から B と C の整数値が得られて，次の 4 通りの解になる．

$$(A, B, C) = (7, 7, 100), \ (7, 8, 30), \ (7, 9, 20), \ (7, 10, 16)$$

$A = 8$ の場合は $(B-6)(C-6) = 24$ になり，次の 3 通りの解がある．
$$(A, B, C) = (8, 8, 18), \ (8, 9, 14), \ (8, 10, 12)$$

$A = 9$ の場合は $(5B-28)(5C-28) = 504$ になり，新たな解はない．

これで，合計 20 通りの解が得られた．体積は，最初に示した $(6, 9, 56)$ が最大であり，最後に示した $(8, 10, 12)$ が最小である．

213. 3色の駒

A	B	C
D	E	F
G	H	I

上図のように盤のマスに名前をつけ，3色を a, b, c で表す．A のように隅にあるマスを見ると，それに隣接する B, D のようなマスの駒はほかの2色でなければならないことが分かる．これらの色は任意に選ぶことができるので，まず一つ目の隅の駒の色を固定し，のちほどその色の入れ換え方を調べる．したがって，$A = a$, $B = b$, $D = c$ とする．ただし，たとえば，$A = a$ はマス A に色 a の駒を置くことを意味する．

このとき，B, C, F のような隣接する3個組には3色すべてがなければならない．そして，$B = b$ はすでに決まっているので，$(C, F) = (a, c)$ または (c, a) になる．

$C = a$, $F = c$ の場合，下の隅にある三つ組を調べると，G, H と H, I はいずれも a と b の両方を含まなければならない．a の駒は1個，b の駒は2個残っているので，$(G, H, I) = (b, a, b)$ かつ $E = c$ のときにだけこの条件を満たせる．

$C = c$, $F = a$ の場合，G, H は a と b でなければならない．一方，H, I は b と c でなければならない．この状況は，$(G, H, I) = (a, b, c)$ かつ $E = b$ のときだけ起こりうる．

これで，2種類の解があることが分かった．一方の解は横の中心線が単一の色であり，もう一方の解は縦の中心線が単一の色である．それぞれの場合に $3 \times 2 \times 1 = 6$ 通りに色を並べ換えることができるので，12通りの解になる．色の並べ換えを無視すると，解は2種類だけになるが，一方の解はもう一方の解を回転させて色を並べ換えること

で得られるので，すべての解はたった一つの基本解から簡単に導き出せるといえるだろう．

［このような問題で何通りの相異なる解があるかという問いは込み入っている．これには作用する2種類の対称性がある．それは盤の回転や裏返しと色の並べ換えである．これらのどちらか一方を扱うことは簡単だが，それらが複雑に相互作用するので，数え上げが難しくなる．この問題では，盤の対称性だけを考えると単一色の中心線の色によって決まる3種類の解がある．したがって，解の個数は，数え方によって 12, 2, 3, 1 の4通りの答えがある．］

214. チェス競技会の参加者

この問題で鍵となるのは，プレーヤーが a 人いる階級では $a(a-1)/2$ 試合が対戦されると気づくことである．これはよく知られた「三角数」1, 3, 6, 10, 15, 21, 28, 36, 45, 55, 66, 78, 91, 105, ... である．すると，この問題は2個の三角数を足し合わせて100にすることを求めていて，そうなるのは $45+55$ だけである．この試合数は10人と11人の階級に分かれた場合に生じるので，合計で21人のプレーヤーがいたにちがいない．

［通常，k 番目の三角数は一辺に k 個の点が並ぶ三角形の点の個数であるから，$T(k) = k(k+1)/2$ になる．この問題は，どのような整数が三角数の和となるかという興味深い問いにつながる．すべての数が3個の三角数の和になることは，フェルマーが主張し，ガウスが証明した．しかし，そのためには，ゼロを三角数に含めなければならない．2個の正の三角数の和として2通りに表すことのできる最小の整数はいくつだろうか．また，2個の正の三角数の和として3通りに表すことのできる最小の整数はいくつだろうか．］

第 15 章

215. マッチ棒の単語

7文字の単語にはEMANATE, FIFTEEN, VILLAIN, ITALIAN がある．10文字の単語にはINFINITELYがある．

これは，私がどこかで見た本の問題をもとにしている．それは1930年代か1940年代だったことは覚えているが，どこでそれを見たかは思い出せない．もっと長い例を見つけようとはしなかったように思うが，そうしたとしてもせいぜい見つけたのはINATTENTIVELYだっただろう．この問題には私が用意したほかのどの頭の体操よりも多くの解答が寄せられた．ときには間違いを犯すのもよいかもしれない．そのうちの31人は1個から103個に至るまでの単語を送ってくれて，私はさらに多くの単語を辞書から掘り起こした．見つかったのはAlimentatively, Antifemininity, Antifemininely, Inflammativelyという14文字の単語4個と18文字の単語Antialimentativelyである．

2005年に，この問題をZodiastar（誰かのペンネーム？）著 *Fun with Matches and Matchboxes Puzzles, Games, Tricks, Stunts, Etc*, Universal社刊，発刊日付なし（英国図書館目録によれば，1941〜），pp. 42–43:「マッチ棒を使った綴り方競争」で見つけた．私はこの本と題名は異なるが同じ内容の2種類の版を以前からもっていた．この本の作者はこの解答の冒頭に示した7文字と10文字の例をあげていたので，この2冊のいずれかが私が覚えていないという出典であ

ることはあきらかなように思われる．Zodiastar が誰であったかは突き止められていないが，Universal 社が著者を明かさない本に使う総称なのかもしれない．

216. 愉快な集会

UNDERGROUND（地下），これは穴居人が住んでいる所だ．SUPERGROUPS（超群），これは数学用語だが，オオナゾ村のさまざまな協会団体の愉快な集会を表した言葉でもある．

217. 中間問題

上りと下りの間には「と」がある．
4人と5人では9人である．

218. 電卓を使った単語

次の一覧は，私がこれまでに見つけることができた単語である．使える文字は，B, E, G, H, I, L, O, S, Z だけであることを思い出そう．

7文字：Besiege. Bezzles. Bobbies. Bobbles. Boggles. Bolshie. Boobies. Eggless. Ego-less. Elegies. Elegise. Elogise. Giggles. Globose. Glosses. Gobbles. Goggles. Googles. Heigh-ho. Helixes. Hellish. Higgles. Highish. Hobbies. Hobbish. Hobbles. Hoggish. Hooshes. Iglooes. Legible. Legless. Lessees. Obelise. Obligee. Obliges. Seghols. Sizzles. Seizers. Sessile. Sleighs. Sloshes. Soboles. Zoozoos.

8文字：Besieges. Blessees（祝福される人たち？）．Eggshell. Elegises. Elogises. Eligible. Ghillies. Gigoloes. Goloshes. Goose-egg. Heelless. Heliosis. Hell-hole. Highheel. Hill-less. Hiss-less. Hole-less. Isohelic. Obligees. Obsesses. Oologise. Shell-egg.

Shoebill. Shoeless. Soilless.

9文字：Blissless. Bob-sleigh. Eggshells. Eligibles. Geologise. Globeless. Goose-eggs. Heigh-hoes. Highheels. Illegible. Liegeless. Oologises. Shellhole. Shell-less.

10文字：Bob-sleighs. Geologises. Goloe-shoes. Shellholes. Sleigh-bell.

11文字：Sleighbells.［C. R. チャールトンは Hillbillies を教えてくれた．］

12文字：Eggshell-less. Glossologise. Highheel-less.

13文字：Glossologises.

文字Xを使うことも許しても，作れる単語はそれほど増えない．私が見つけたのは次のとおり：

7文字：Hell-box. Sexless.

8文字：Exegesis. Exigible. Loose-box.

デヴィッド・ヴィンセントは，Googolgoogolgoogol..... を教えてくれた．

219. 正整数の表記に現れない文字

私が使った辞書には vigintillion まで載っている．これは，米国の数体系では 10^{63} であり，古い英国の数体系では 10^{120} である．

Aが最初に現れるのは（a hundred と読む場合）100 か（one hundred and one と読む場合）101 か（どちらの読み方も使わない場合）1000 である．それ以外の文字については，それほどぶれることはない．

B — billion ($10^9/10^{12}$)

C — octillion ($10^{27}/10^{48}$)

D — hundred

E — one

F — four
G — eight
H — three
I — five
L — eleven
M — million ($10^6/10^6$)
N — one
O — one
P — septillion ($10^{24}/10^{42}$)
Q — quadrillion ($10^{15}/10^{24}$)
R — three
S — six
T — two
U — four
V — five
W — two
X — six
Y — twenty

したがって，最後に現れる文字はCである．

文字 J, K, Z は，私の辞書にある数の名前に現れることはない．そして，大きな数の名前はラテン語の語源に基づいていて，J, K, Z はラテン語のアルファベットにはないので，a zillion（「何億兆」）のような話し言葉を除いて数の名前として使われることはありそうにない．この問題では，正整数と明記したことに注意せよ．そうでなければ，zero には Z が含まれるし，j はしばしば i の代わりに虚数単位として使われる．

220. アロハ

手当たり次第に思いつくものや辞書に目を通して見つかるものの中に 10 文字以上の単語が数多くある．

10 文字：Anopheline. Apollonian. Panamanian. phenomenal. phenomenon. Philippino. pneumonial.

11 文字：philhellene.

12 文字：nonwholemeal.

13 文字：epiphenomenal.

15 文字：unepiphenomenal.

221. とてもずるい数列

$1 = A, 2 = B, \ldots$ を用いると，これらの数は順に ONE, TWO, THREE, FOUR, FIVE, ... と変換される．そして，この次にくるのは SIX で，その数は 19924 である．

[R. Kerry & J. Rickard. Problems Drive 1983. *Eureka* 43 (Easter 1983) 11–13 & 62–63, Prob. 3 (i).]

訳者あとがき

本書は，David Singmaster 著 *Problems for Metagrobologists: A Collection of Puzzles with Real Mathematical, Logical or Scientific Contents* (World Scientific, 2016) の全訳である．著者のデヴィッド・シングマスターはロンドン・サウスバンク大学数学科の名誉教授である．シングマスター教授は娯楽数学やその歴史に大きな関心をもち，パズルに関する論文や記事も数多く発表している．また，早い時期から群論を用いてルービックキューブの一般的解法を研究し，*Notes on Rubik's Magic Cube* (Enslow, 1981) を著した．今や，彼の名を冠するシングマスター記法は，ルービックキューブの解法を記述するために広く使われている．

本書では，著者のオリジナルだけでなく，古い書籍などから掘り起こした問題を改作したり一般化したりしたさまざまな問題が200問以上も収録され，丁寧にその答えが解説されている．そのような問題は，日常的な算数の問題，数字の性質や魔方陣，覆面算，論理パズル，数列・通貨・図形・地形・時刻・物理・組合せの問題，言葉のパズル，整係数不定方程式など多岐にわたる．それらを解くうえで一貫しているのは，考えうる場合をすべて試すというしらみつぶしをできるだけ避け，論理的推論により解を導き出そうとする著者の姿勢である．さらに，原典に示されている解が問題からは導けない場合や，示されて

いる以外にも解が存在するような場合にも，なぜ作者はそのように考えたのか，誤記・誤植があるに違いないがそれはどこなのか，作者が問題に書き漏らした前提は何なのか，といったところにまで考えが巡らされている．こういった点にも，自他ともに認めるメタグロボロジストの一端を垣間見ることができる．

　読者も，パズルやその解答に限らず目に留まるものに腑に落ちない点があったら（本書では極力そのようなことがないように努めてはいるが），シングマスター教授のように，それがどのような誤解・誤植・誤訳などから生じたのかを考えて納得できる説明を見出しメタグロボロジストの仲間入りを果たしてもらいたい．

　本書の翻訳に際して，シングマスター教授には，翻訳の過程で見つけた原著の誤りを確認いただいた．また，邦訳の編集にあたっては，共立出版の大谷早紀氏には大変お世話になった．これらの方々に感謝の意を表したい．

2019年春　訳者

Memorandum

Memorandum

訳者紹介

川 辺 治 之
(かわ べ はる ゆき)

1985年 東京大学理学部卒業
現　在 日本ユニシス（株）総合技術研究所　上席研究員
主　著 『Common Lisp 第2版』（共立出版，共訳）
『Common Lisp オブジェクトシステム―CLOSとその周辺』（共立出版，共著）
『群論の味わい―置換群で解き明かすルービックキューブと15パズル』（共立出版，翻訳）
『この本の名は？―嘘つきと正直者をめぐる不思議な論理パズル』（日本評論社，翻訳）
『ひとけたの数に魅せられて』（岩波書店，翻訳）
『100人の囚人と1個の電球―知識と推論にまつわる論理パズル』（日本評論社，翻訳）
『対称性―不変性の表現』（丸善出版，翻訳）
『哲学の奇妙な書棚―パズル，パラドックス，なぞなぞ，へんてこ話』（共立出版，翻訳）
『無限（岩波科学ライブラリー）』（岩波書店，翻訳）
『発想・根気・思考力で挑む ディック・ヘスの圧倒的パズルワールド』（共立出版，翻訳）
『組合せ数学（岩波科学ライブラリー）』（岩波書店，翻訳）
『逆数学―定理から公理を「証明」する』（森北出版，翻訳）ほか翻訳書多数

シングマスター教授の千思万考パズルワールド	訳　者　川辺治之　© 2019
原題：*Problems for Metagrobologists: A Collection of Puzzles with Real Mathematical, Logical or Scientific Content*	原著者　David Singmaster（デヴィッド・シングマスター）
	発行者　南條光章
	発行所　共立出版株式会社 東京都文京区小日向4-6-19 電話 03-3947-2511（代表） 〒112-0006／振替口座 00110-2-57035 www.kyoritsu-pub.co.jp
2019年5月25日　初版1刷発行	
	印　刷　啓文堂
	製　本　ブロケード
検印廃止 NDC 410.79, 798.3 ISBN 978-4-320-11378-7	一般社団法人 自然科学書協会 会員 Printed in Japan

---

JCOPY ＜出版者著作権管理機構委託出版物＞
本書の無断複製は著作権法上での例外を除き禁じられています．複製される場合は，そのつど事前に，出版者著作権管理機構（TEL：03-5244-5088，FAX：03-5244-5089，e-mail：info@jcopy.or.jp）の許諾を得てください．

■ 川辺治之 訳書 ■

数学探検コレクション 迷路の中のウシ

I.Stewart著／川辺治之訳

著者は英国ワーウィック大学の数学教授で，サイエンティフィック・アメリカン誌に連載の『数学探検』を一冊にまとめた選集。パズル，ゲームや日常生活でみかけるテーマから空想科学小説に至るまで，それらの背後にある数学理論をわかりやすく紹介。

【A5判・276頁・並製・定価(本体2,700円＋税) ISBN978-4-320-11101-1】

数学で織りなすカードマジックのからくり

P.Diaconis・R.Graham著／川辺治之訳

数理奇術のカジュアルな入門書。数々の美しいトランプ奇術は，ギルブレスの原理およびその一般化を利用しているが，本書ではそれらの中でも最も見事なトリックを紹介する。一人でできる見事なトリックから，本格的な数学へと読者を導く一冊である。

【A5判・324頁・並製・定価(本体3,200円＋税) ISBN978-4-320-11047-2】

組合せゲーム理論入門 —勝利の方程式—

M.H.Albert・R.J.Nowakowski・D.Wolfe著／川辺治之訳

組合せゲームとは，三目並べやチェスなど，偶然に左右される要素を含まず，二人の競技者にはゲームに関する必要な情報がすべて与えられているようなゲームのこと。本書はこの組合せゲームおよびそれらを解析するための数学的技法についての入門書。

【A5判・368頁・並製・定価(本体3,800円＋税) ISBN978-4-320-01975-1】

スマリヤン先生のブール代数入門
—嘘つきパズル・パラドックス・論理の花咲く庭園—

R.Smullyan著／川辺治之訳

前半はスマリヤンの真骨頂というべき論理パズル集，後半はブール代数入門の二部構成。読者はパズルを解いていく感覚で本書を読み進めることで，ブール代数の基本的な定理を理解できる。

【A5判・224頁・並製・定価(本体2,500円＋税) ISBN978-4-320-01869-3】

(価格は変更される場合がございます)　**共立出版**　https://www.kyoritsu-pub.co.jp/